用箭头标出下列各图的主要病理变化

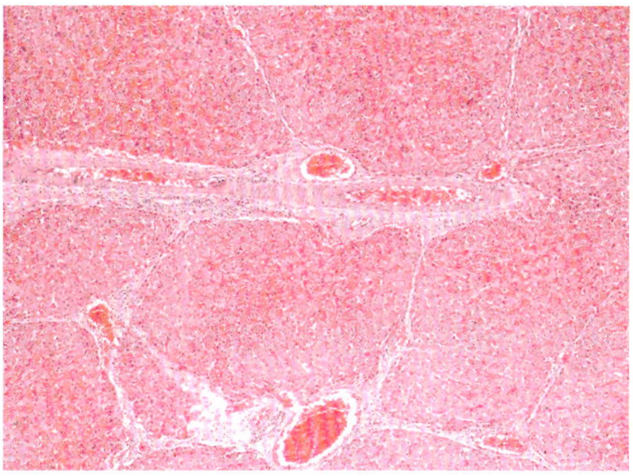

H&E，×100　　图 1-A

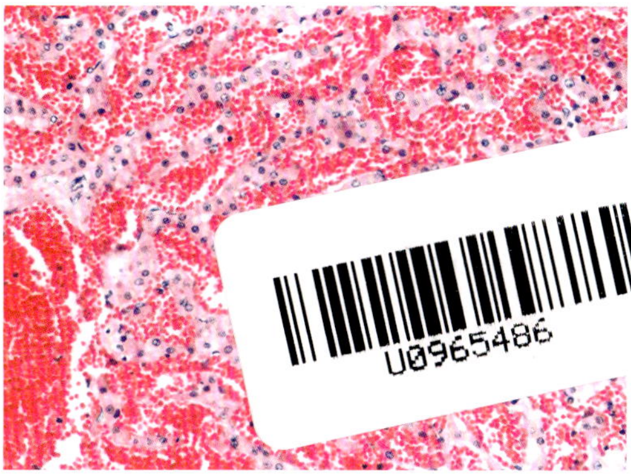

H&E，×400　　图 1-B

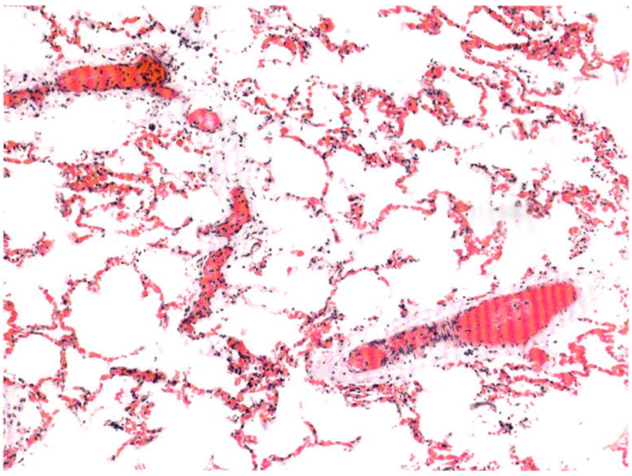

H&E，×100　　图 1-C

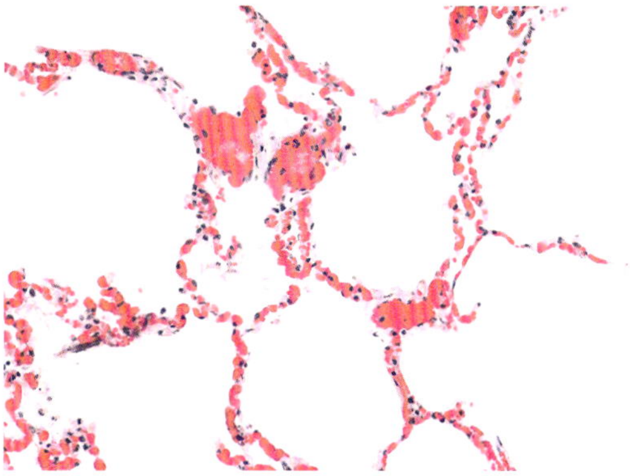

H&E，×400　　图 1-D

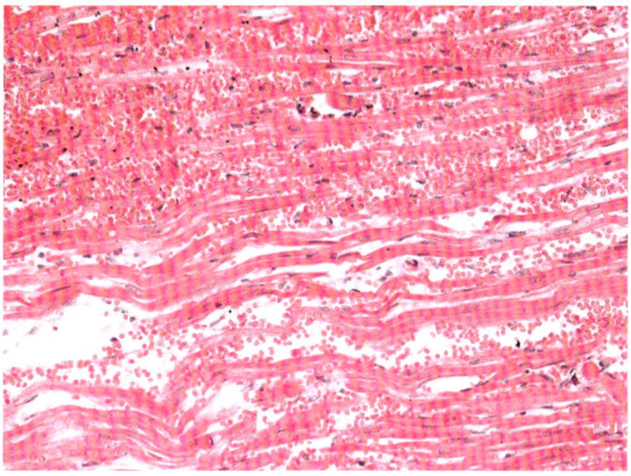

H&E，×400　　图 1-E

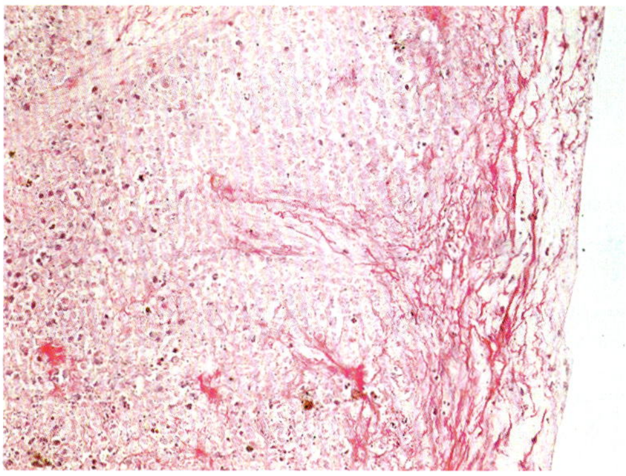

H&E，×100　　图 1-F

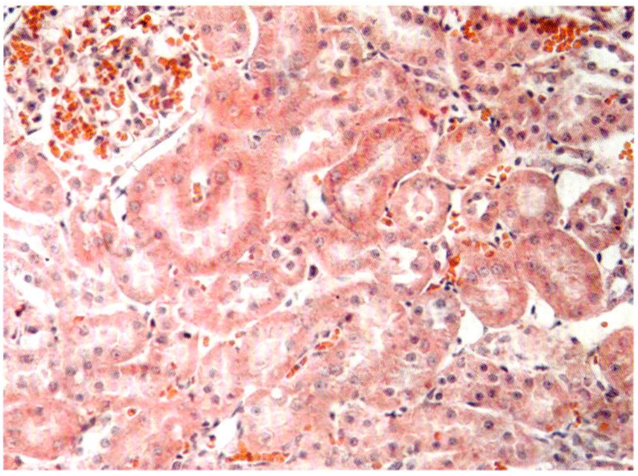

H&E，×200　　图 2-A

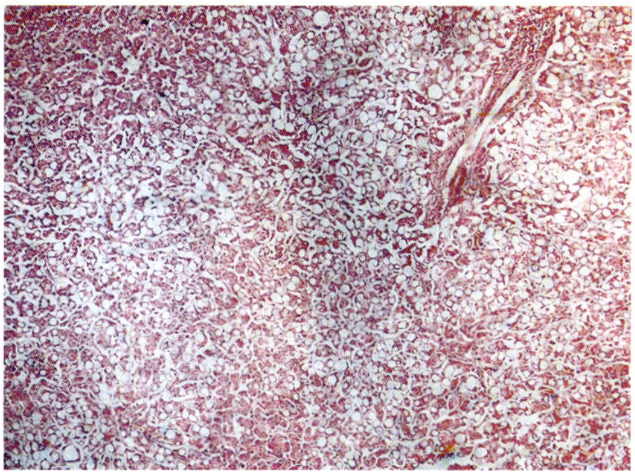

H&E，×50　　图 2-B

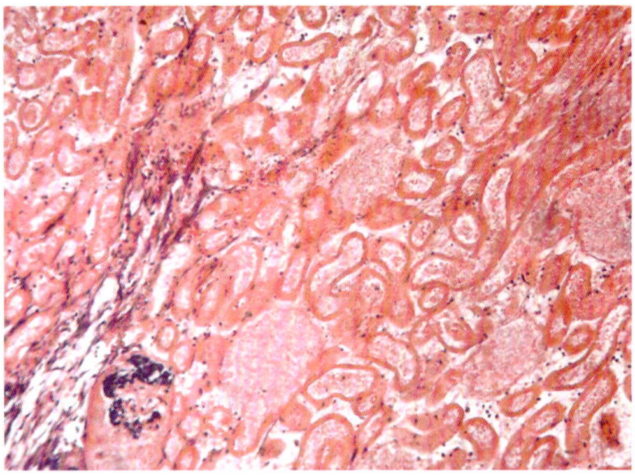

H&E，×100 图 2-C

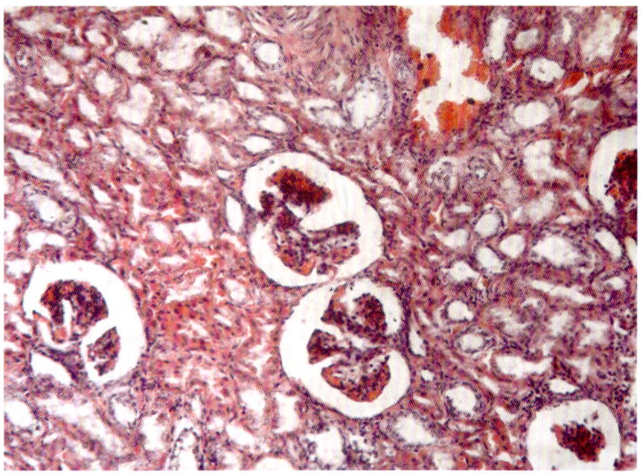

H&E，×100 图 2-D

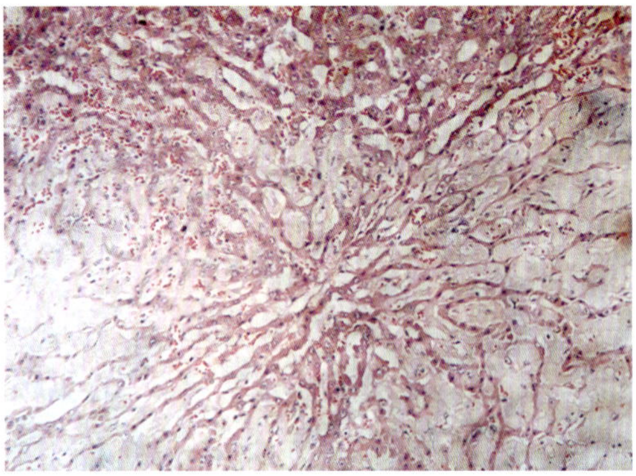

H&E，×100 图 2-E

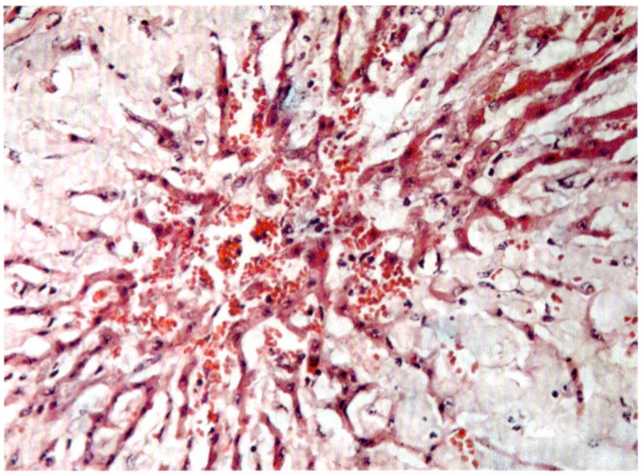

H&E，×200 图 2-F

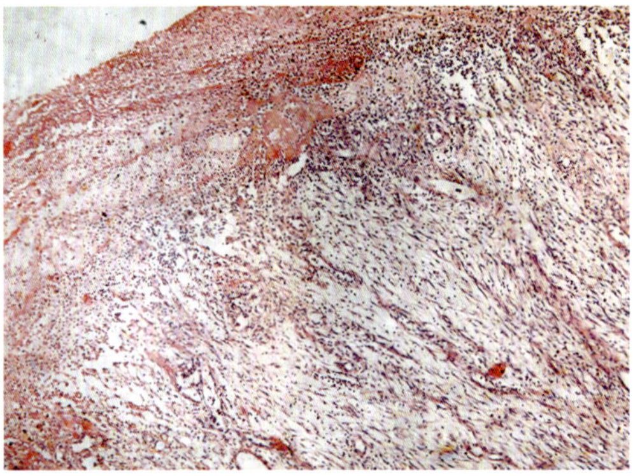

H&E，×50 图 2-G

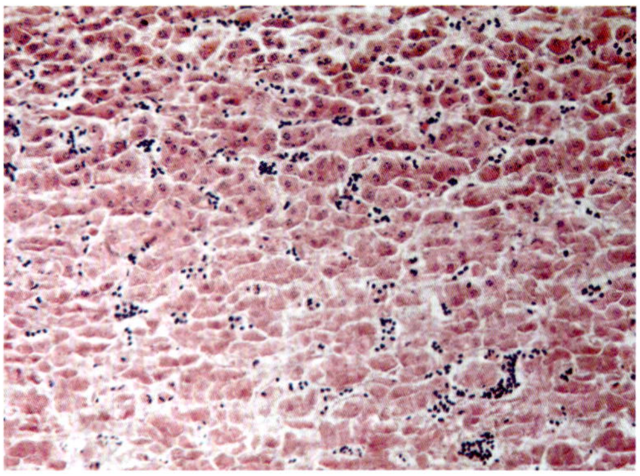

H&E，×200 图 2-H

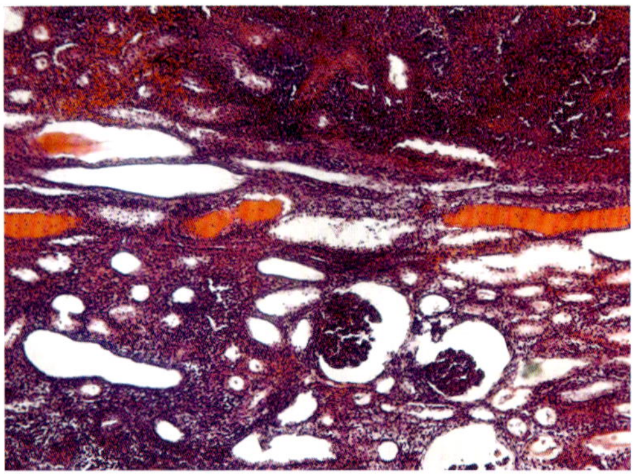

H&E，×50 图 3-A

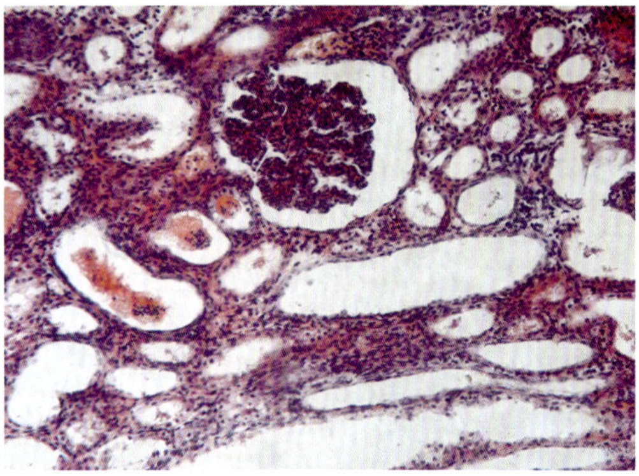

H&E，×100 图 3-B

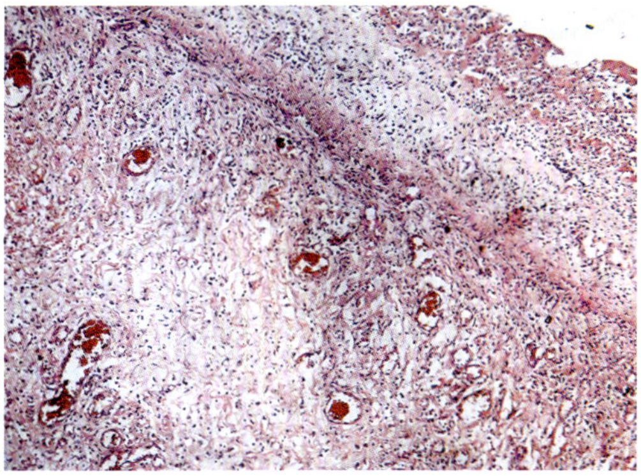

H&E，×50 图 3-C

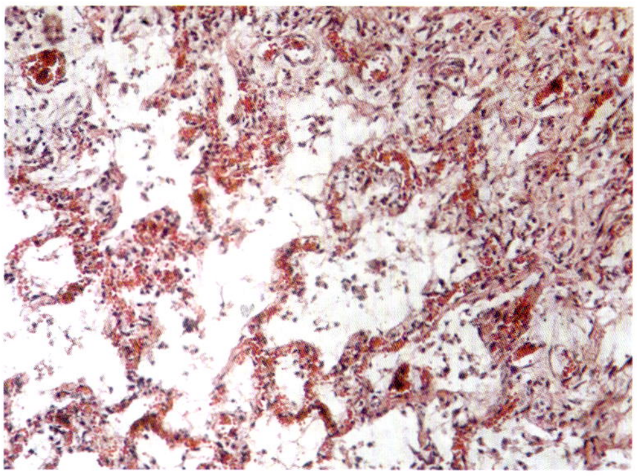

H&E，×100 图 3-D

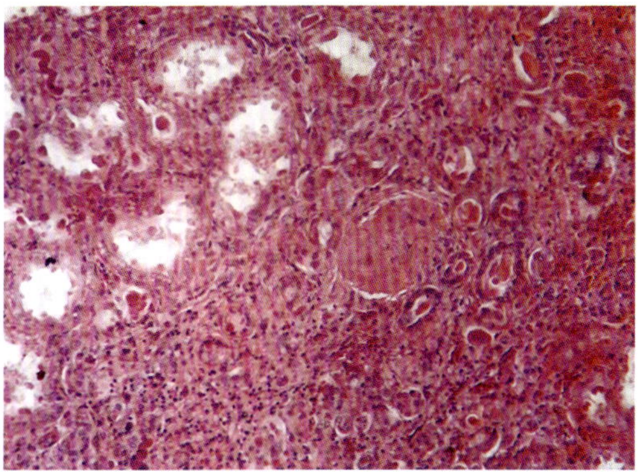

H&E，×100 图 3-E

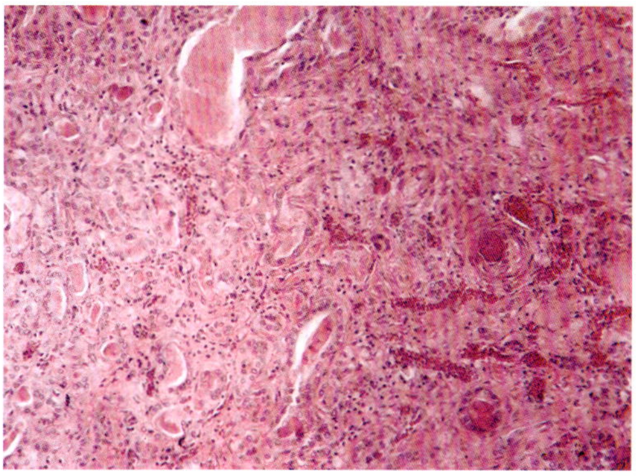

H&E，×100 图 3-F

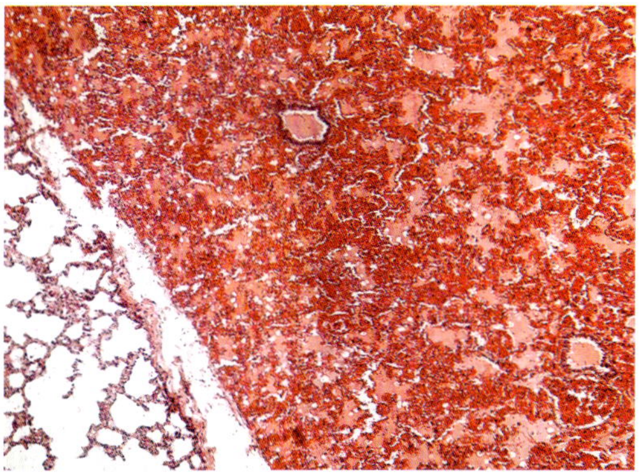

H&E，×50 图 3-G

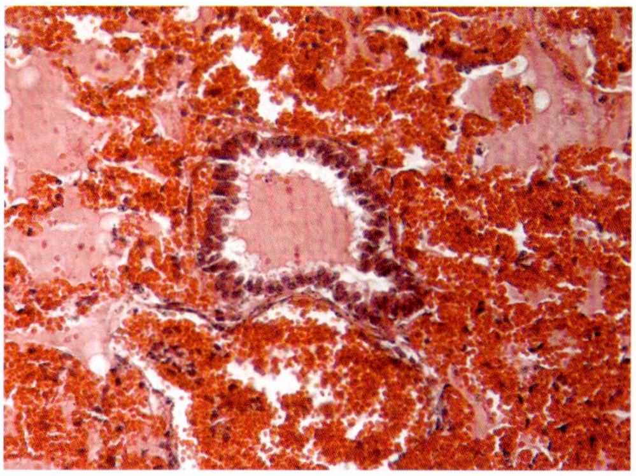

H&E，×200 图 3-H

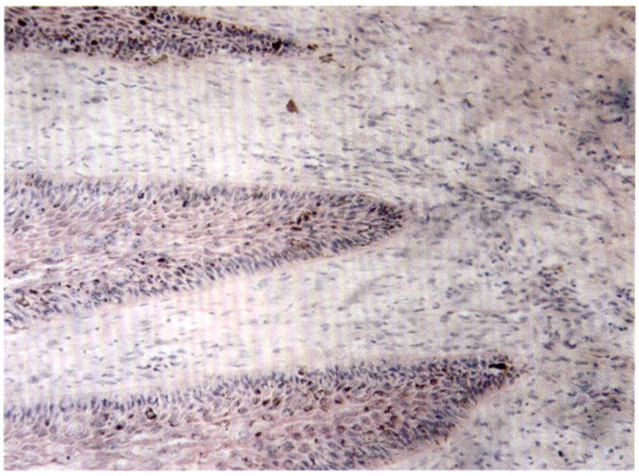

H&E，×100 图 4-A

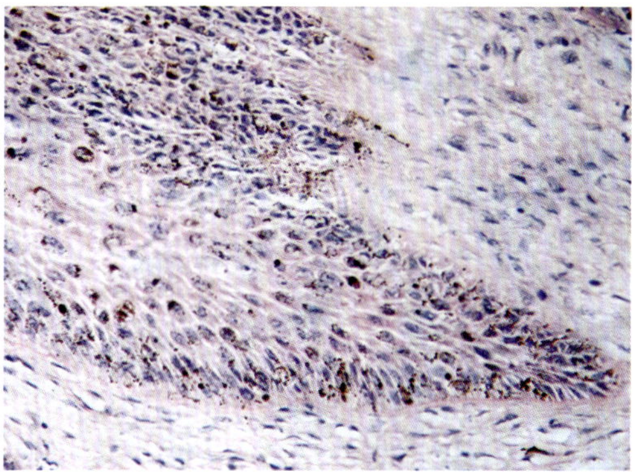

H&E，×200 图 4-B

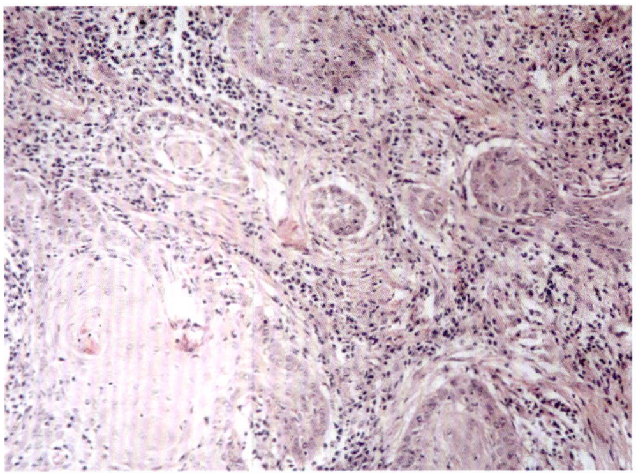

H&E，×100 图 4-C

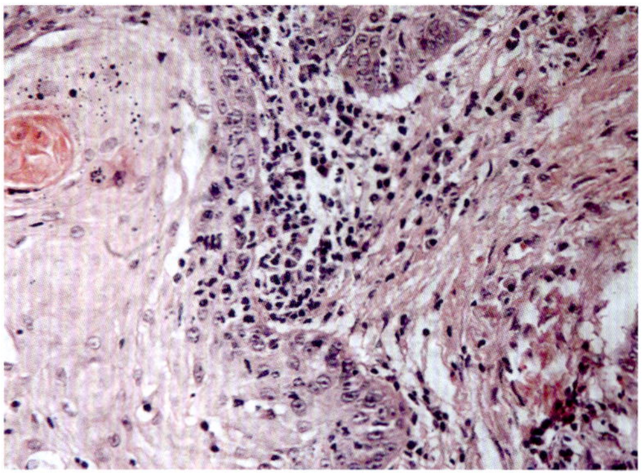

H&E，×200 图 4-D

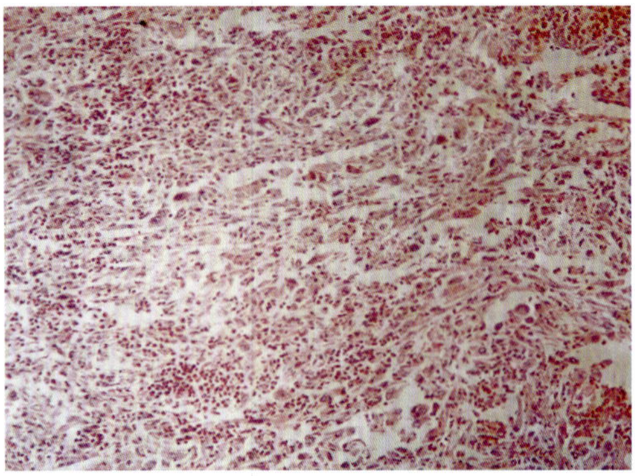

H&E，×100 图 4-E

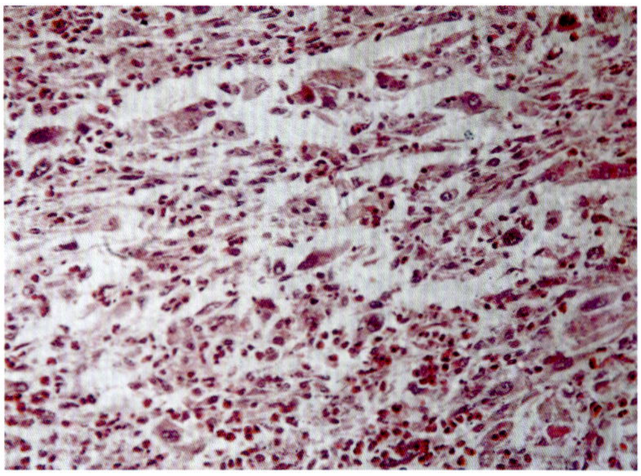

H&E，×200 图 4-F

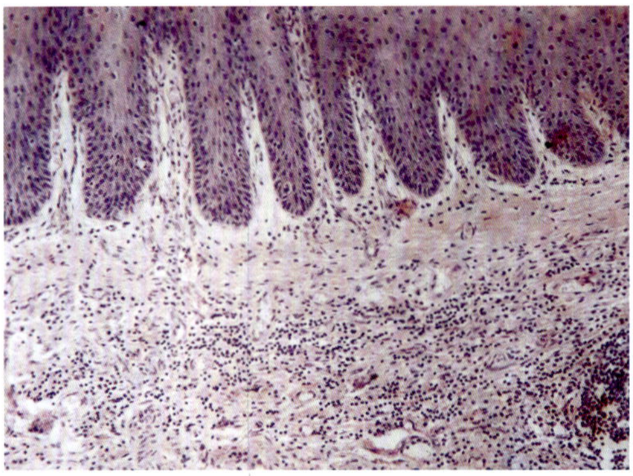

H&E，×100 图 4-G

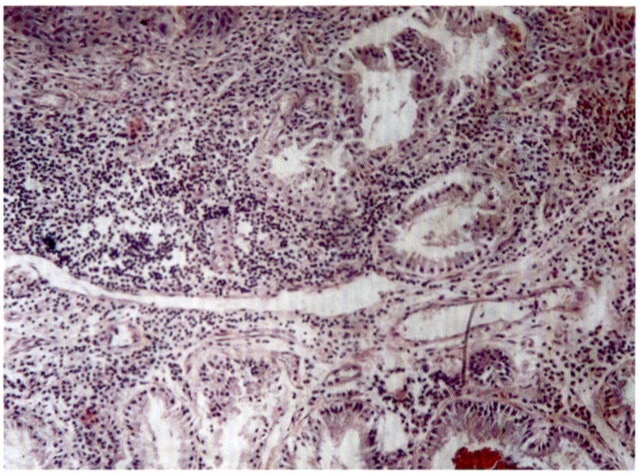

H&E，×100 图 4-H

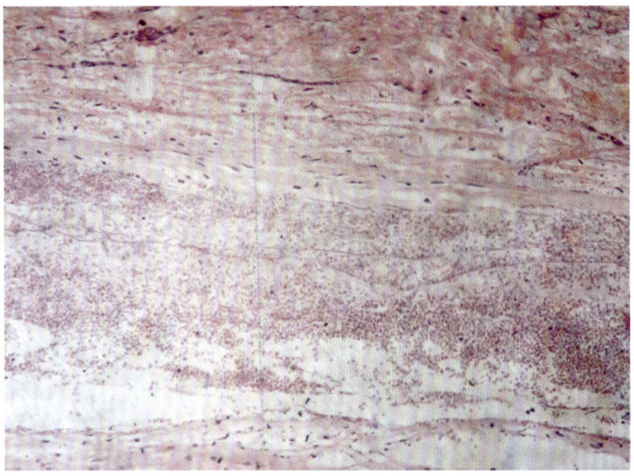

H&E，×100 图 4-I

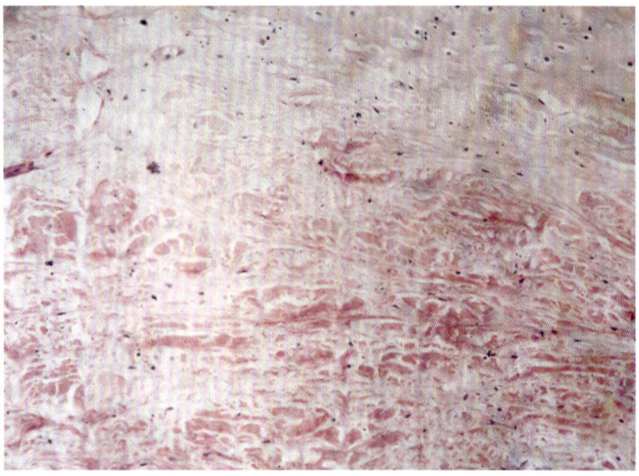

H&E，×100 图 4-J

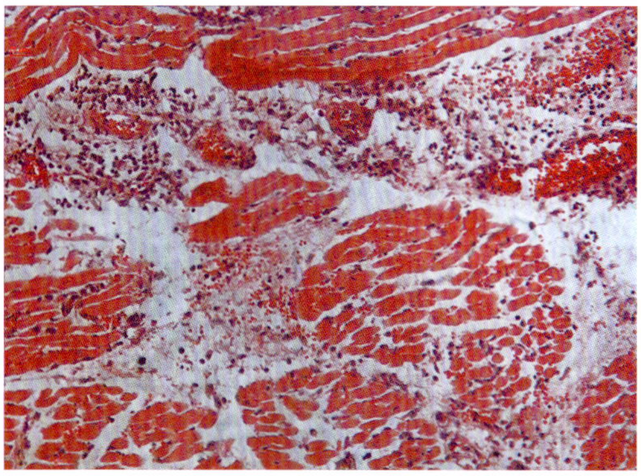
H&E，×100 图 5-A

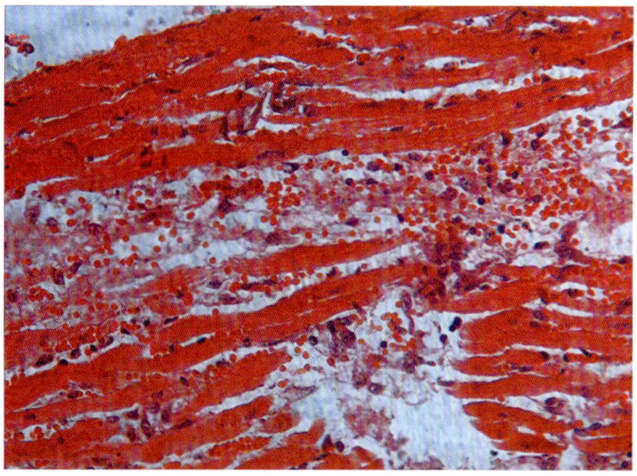
H&E，×200 图 5-B

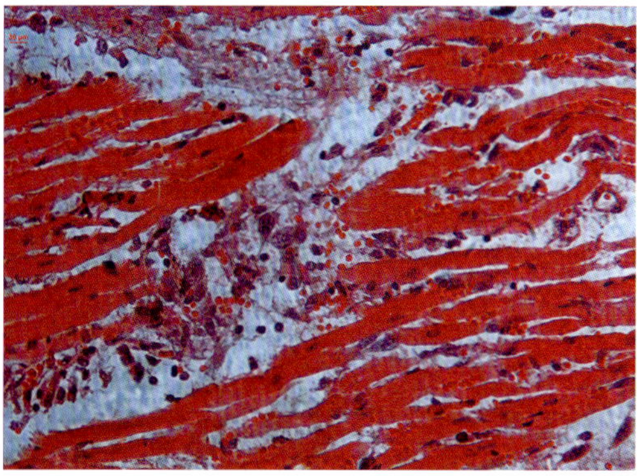
H&E，×200 图 5-C

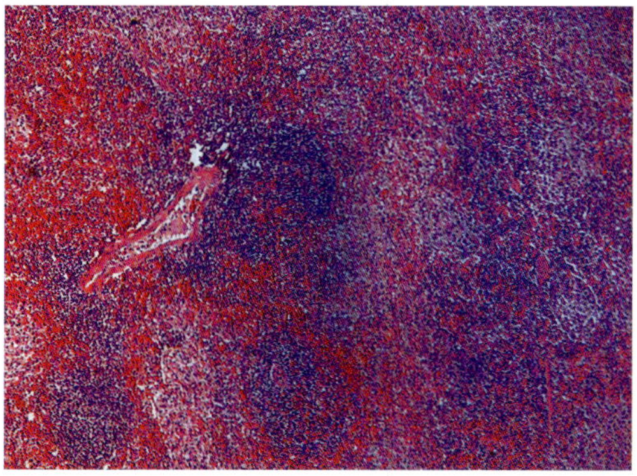
H&E，×50 图 5-D

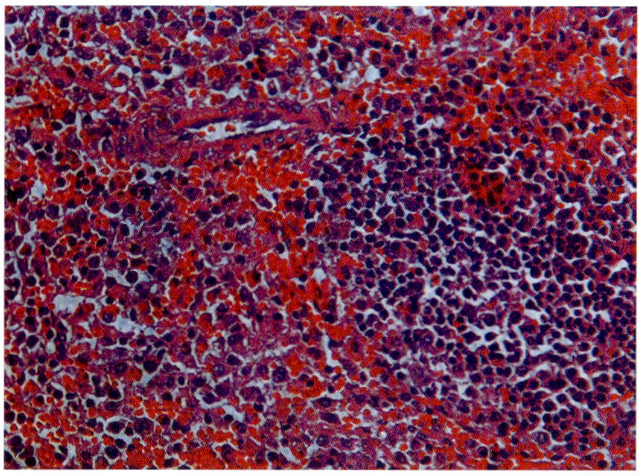
H&E，×200 图 5-E

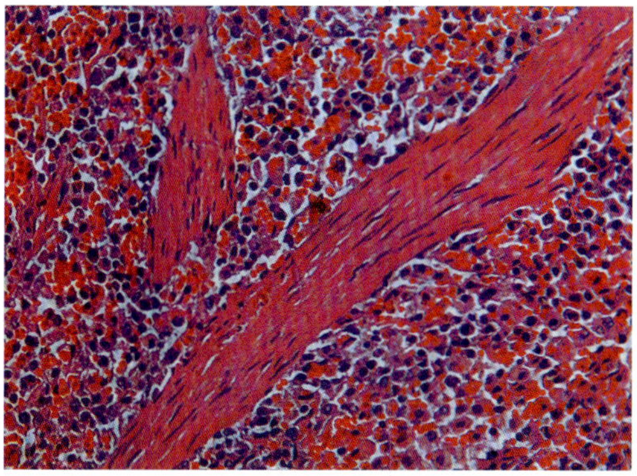
H&E，×200 图 5-F

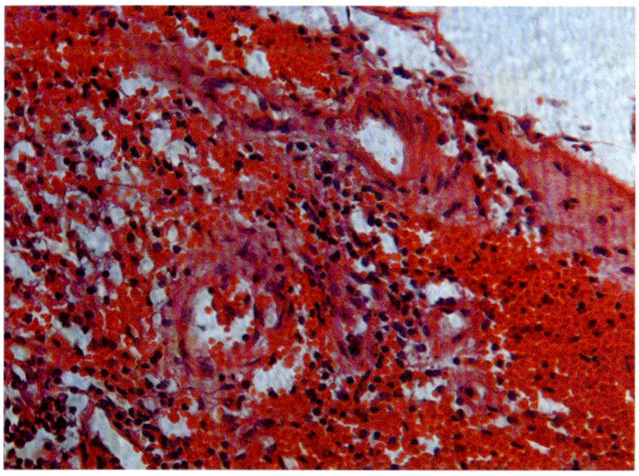
H&E，×200 图 5-G

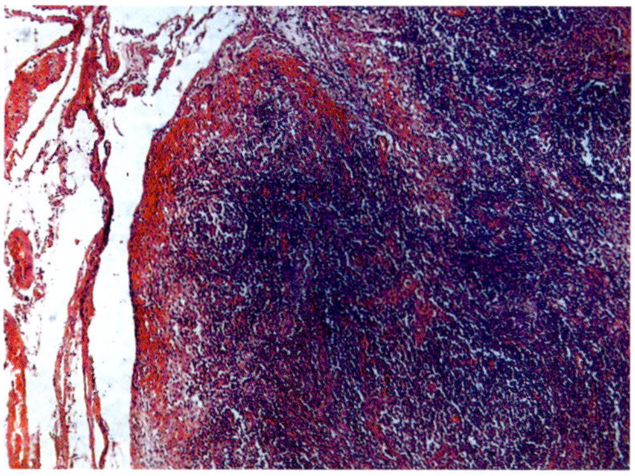
H&E，×50 图 5-H

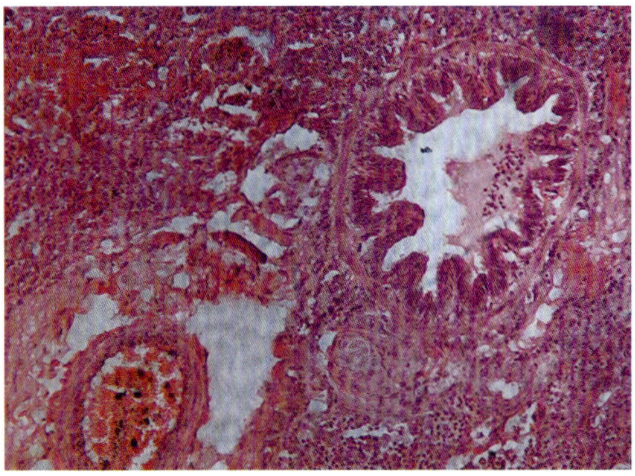

H&E，×100 图 6-A

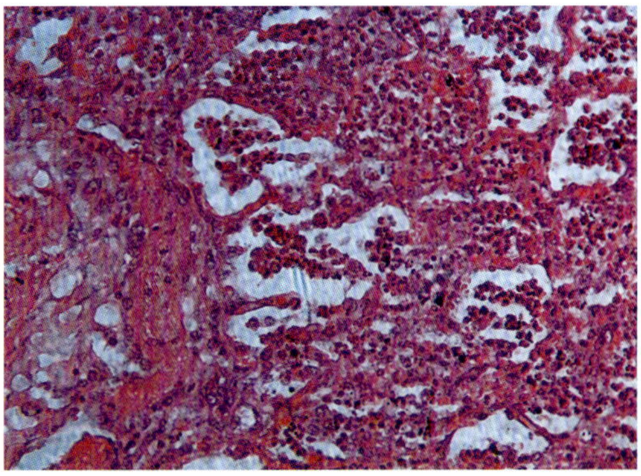

H&E，×200 图 6-B

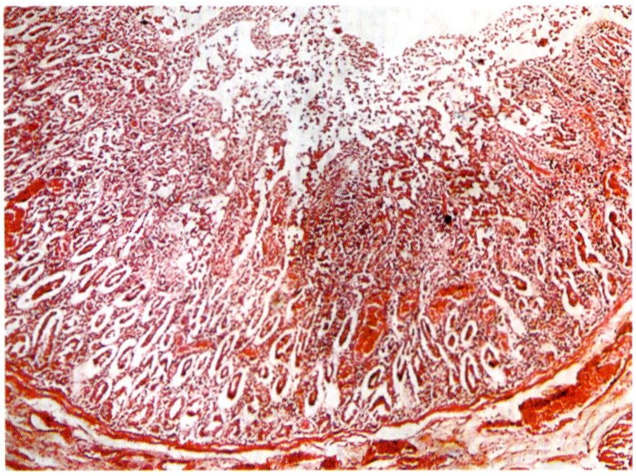

H&E，×50 图 7-A

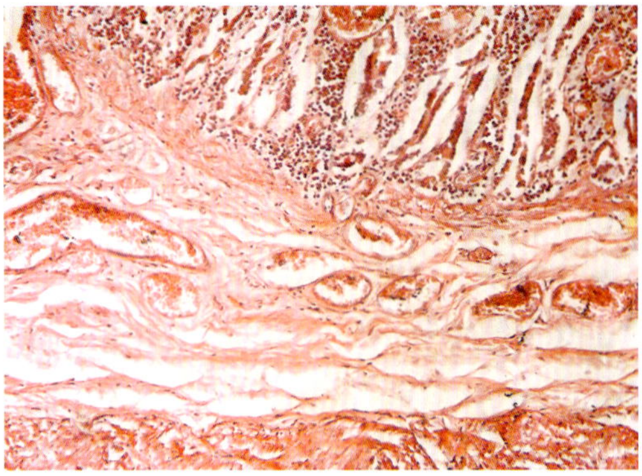

H&E，×100 图 7-B

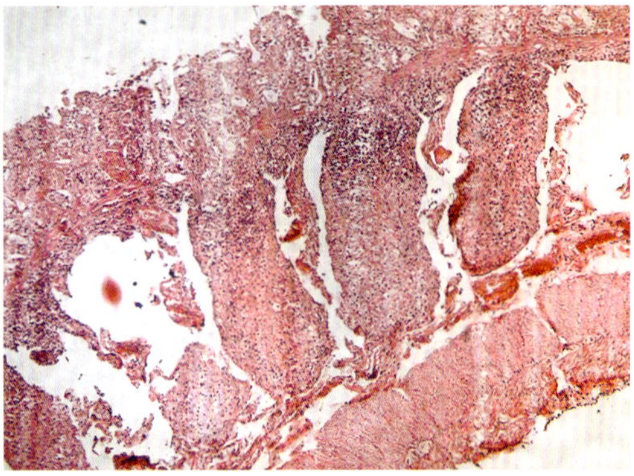

H&E，×50 图 7-C

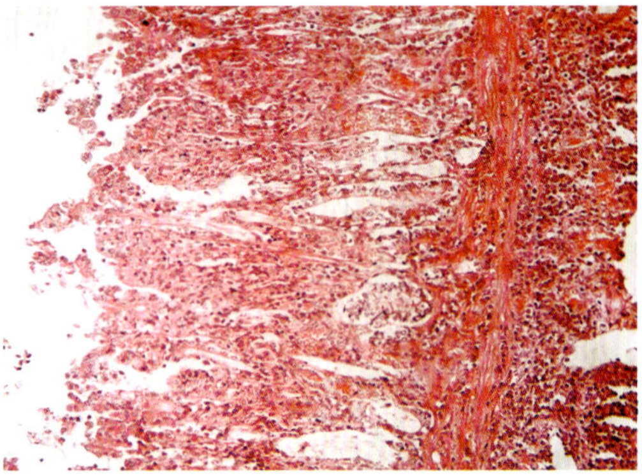

H&E，×100 图 7-D

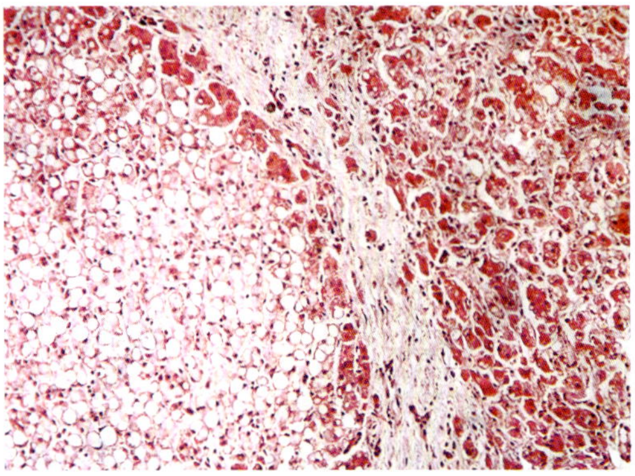

H&E，×100 图 7-E

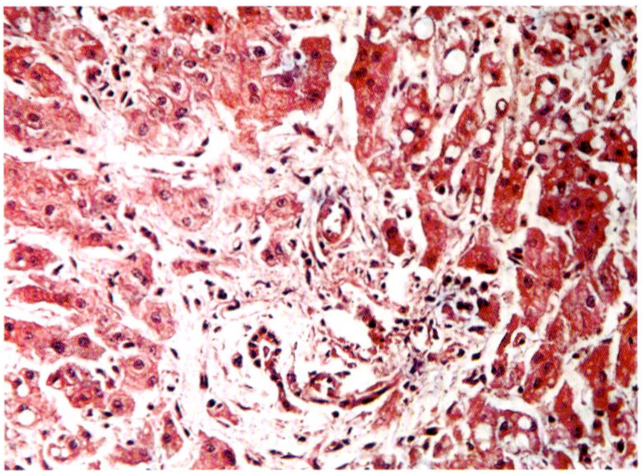

H&E，×200 图 7-F

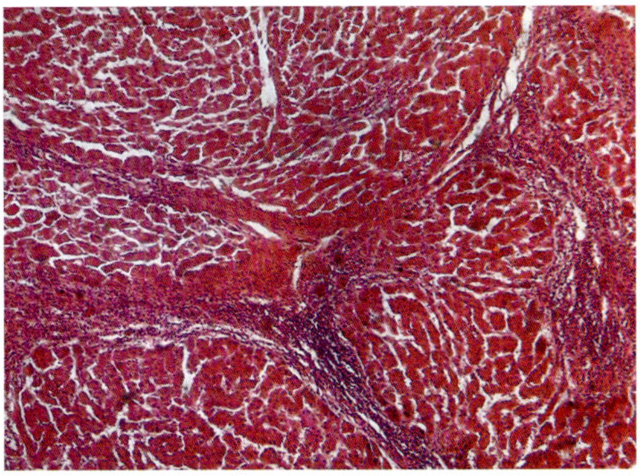

H&E，×50　　图 7-G

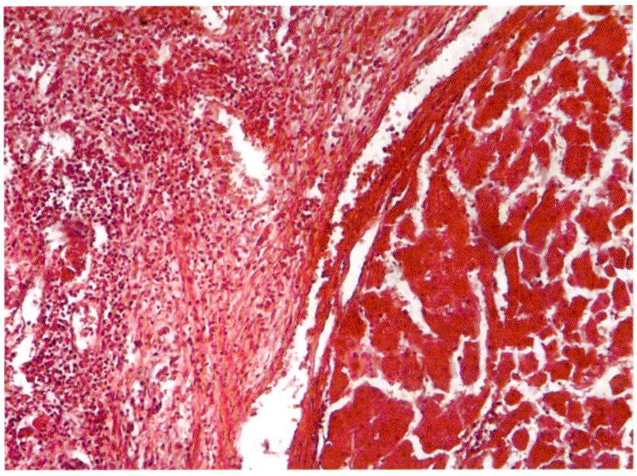

H&E，×100　　图 7-H

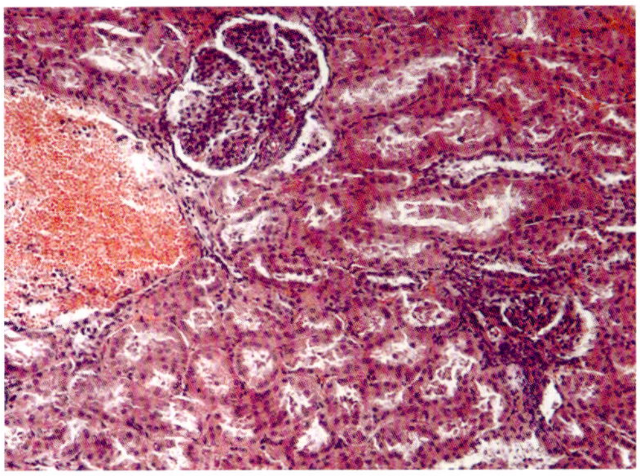

H&E，×100　　图 8-A

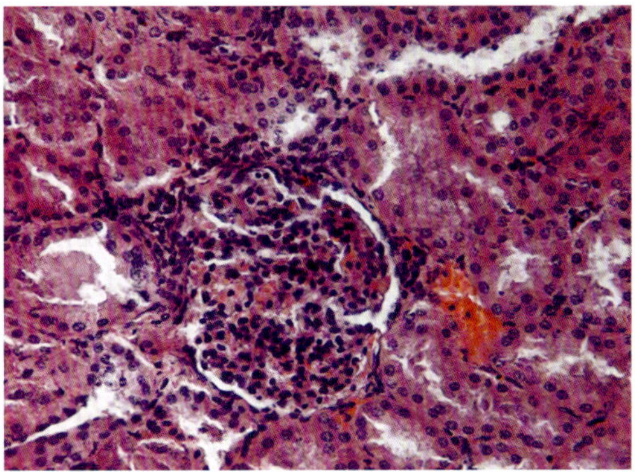

H&E，×200　　图 8-B

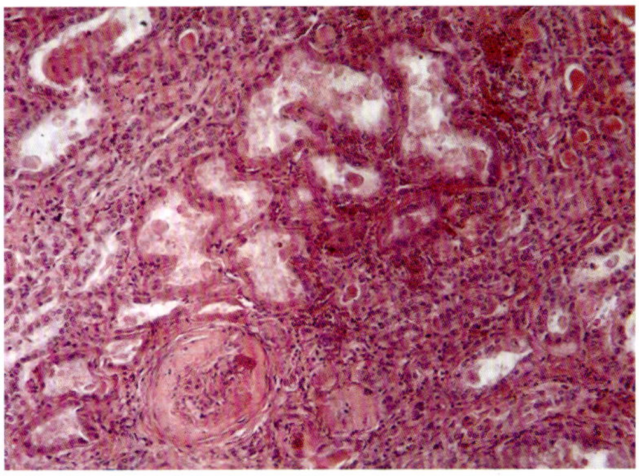

H&E，×100　　图 8-C

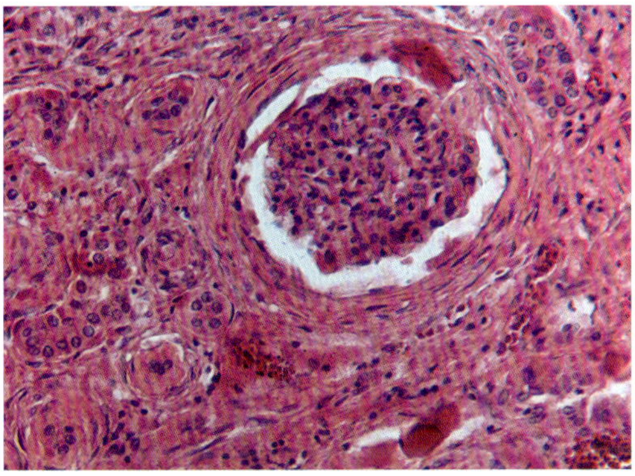

H&E，×200　　图 8-D

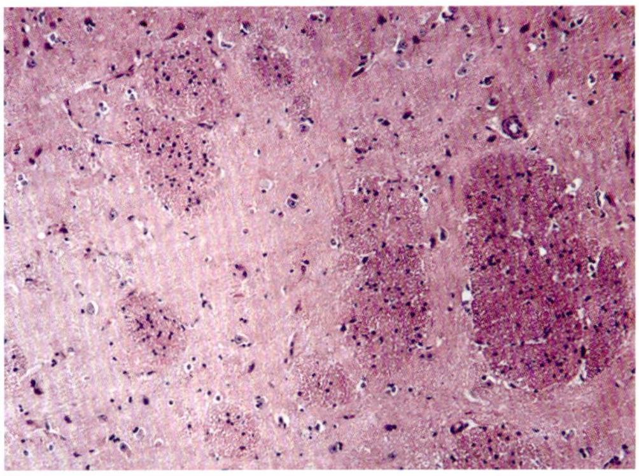

H&E，×100　　图 8-E

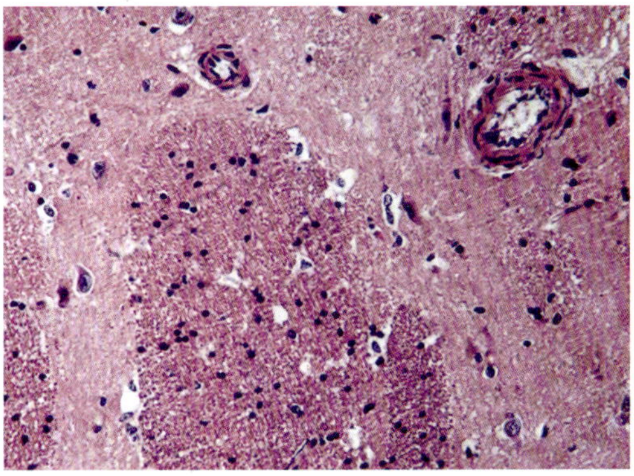

H&E，×200　　图 8-F

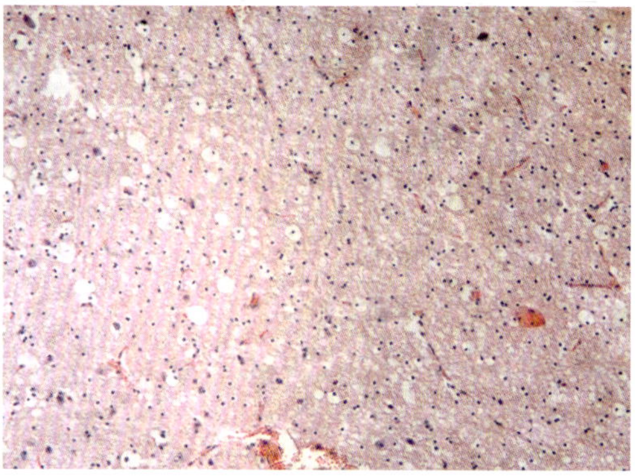

H&E，×100 图 8-G

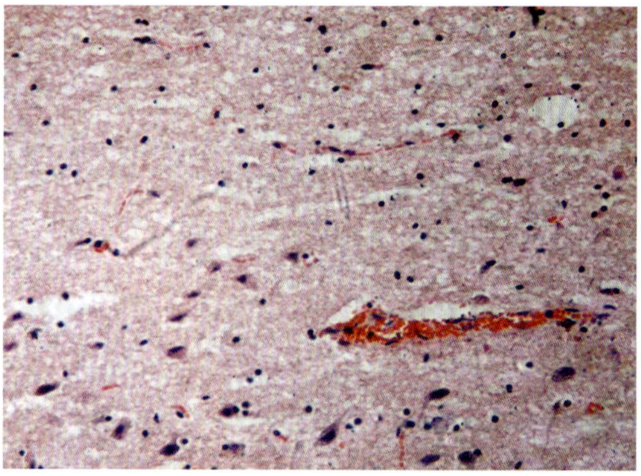

H&E，×200 图 8-H

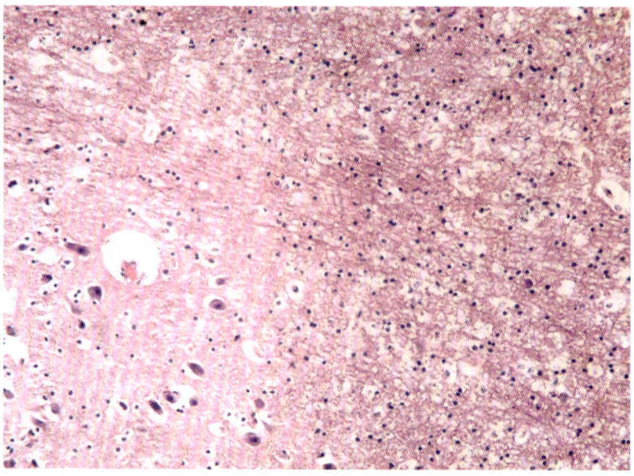

H&E，×100 图 8-I

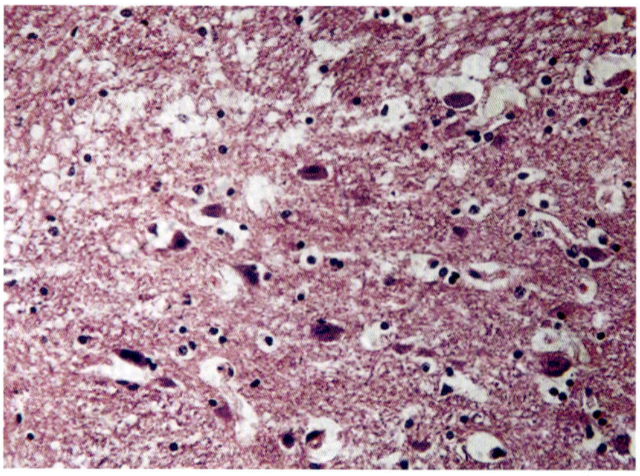

H&E，×200 图 8-J

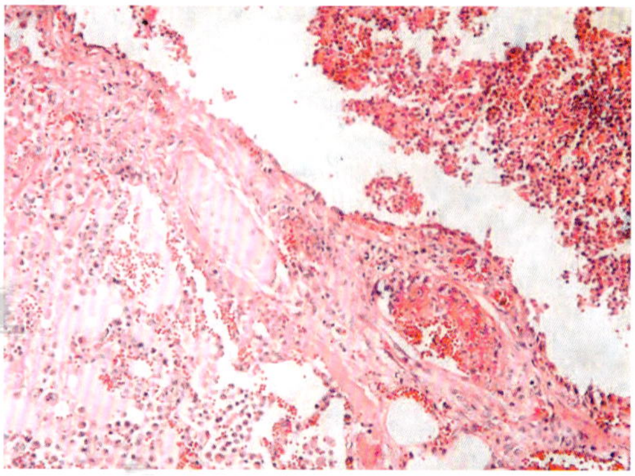

H&E，×100 图 9-A

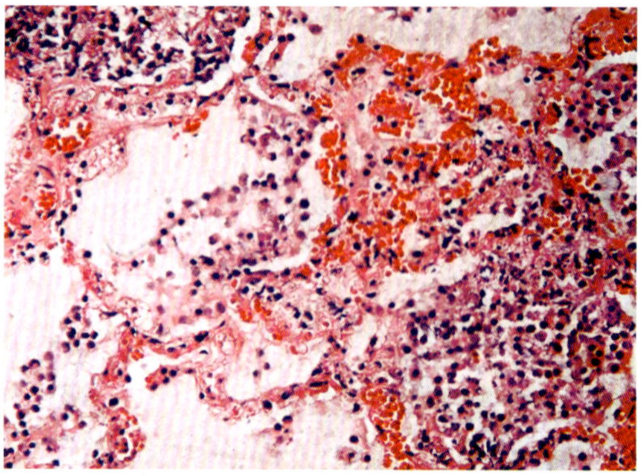

H&E，×200 图 9-B

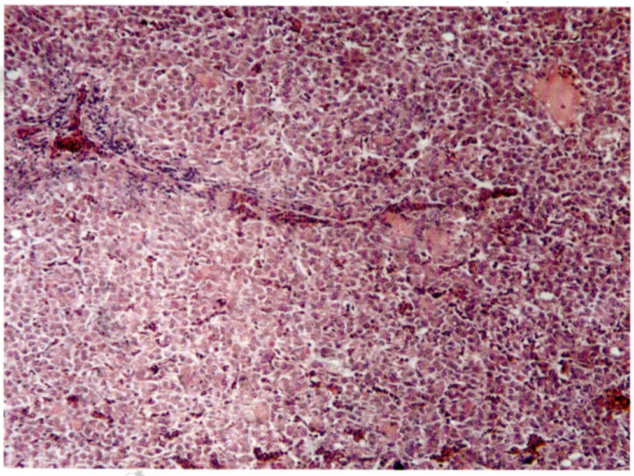

H&E，×100 图 9-C

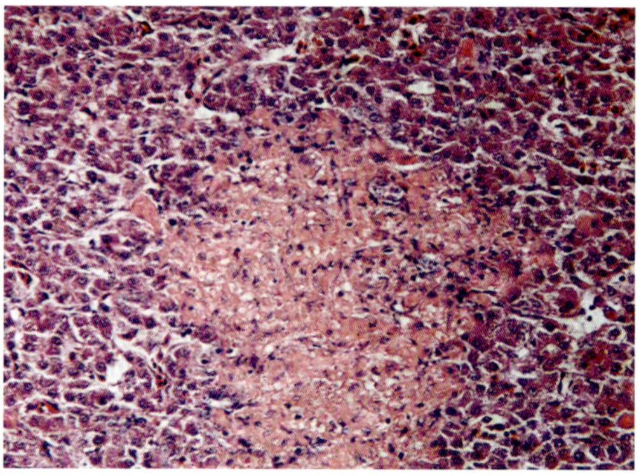

H&E，×200 图 9-D

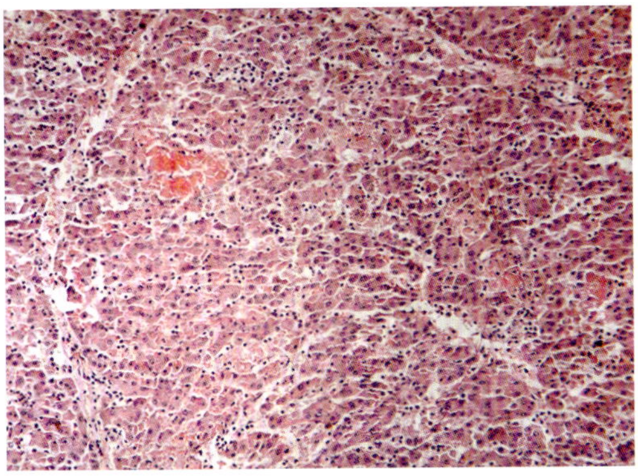
H&E，×100 图 9-E

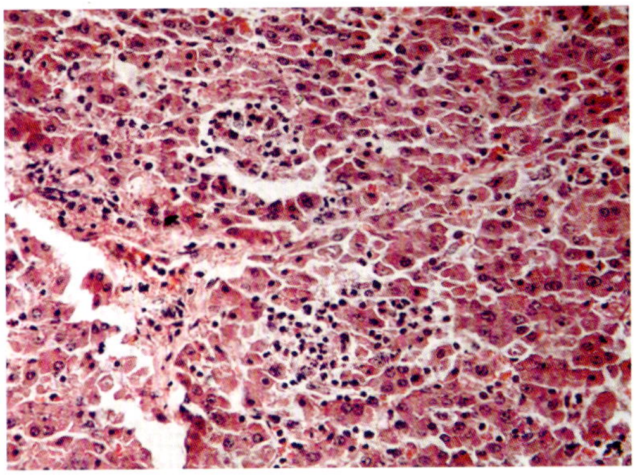
H&E，×200 图 9-F

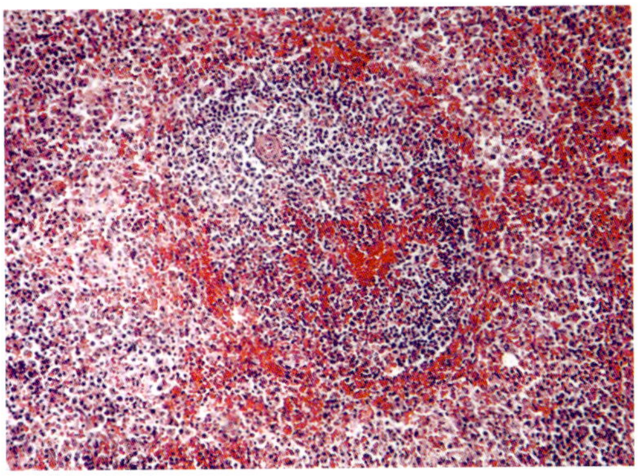
H&E，×100 图 9-G

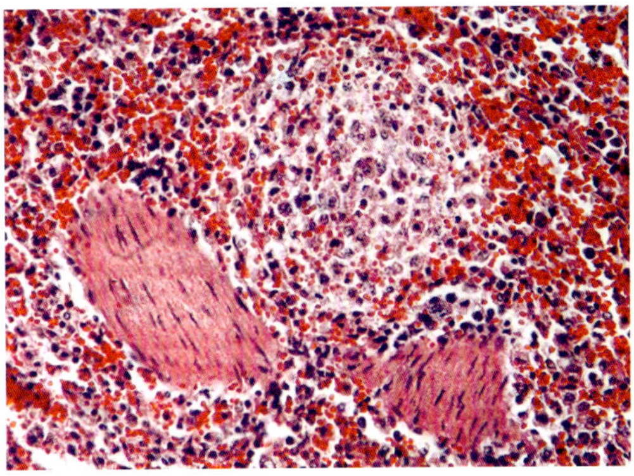
H&E，×200 图 9-H

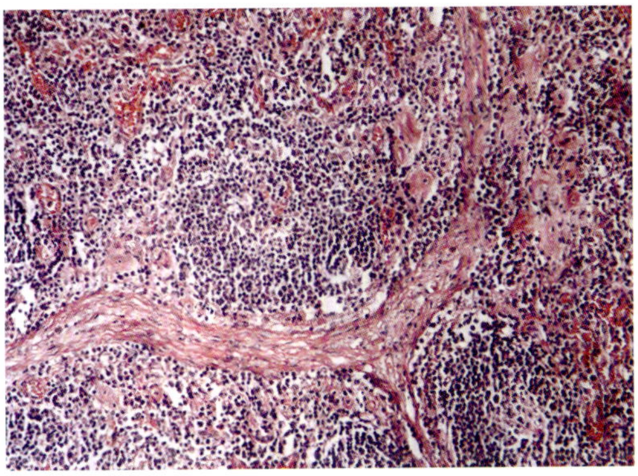
H&E，×100 图 10-A

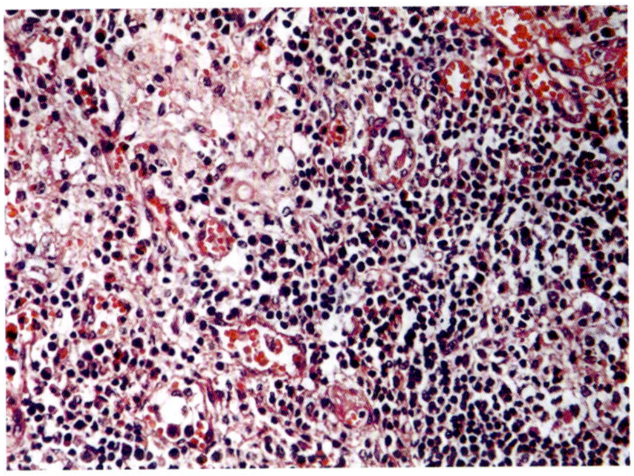
H&E，×200 图 10-B

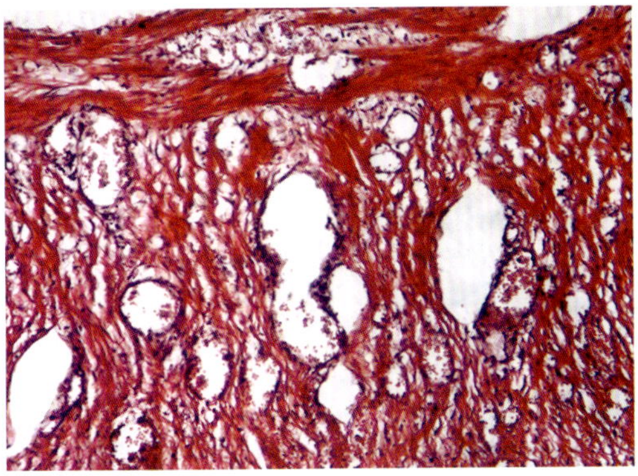
H&E，×100 图 10-C

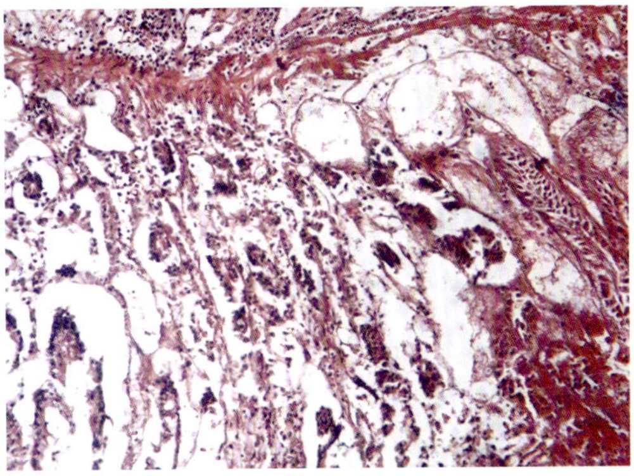
H&E，×100 图 10-D

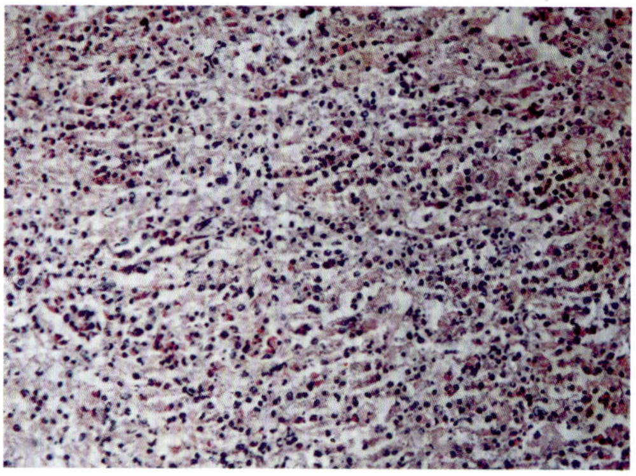

H&E，×200 图 10-E

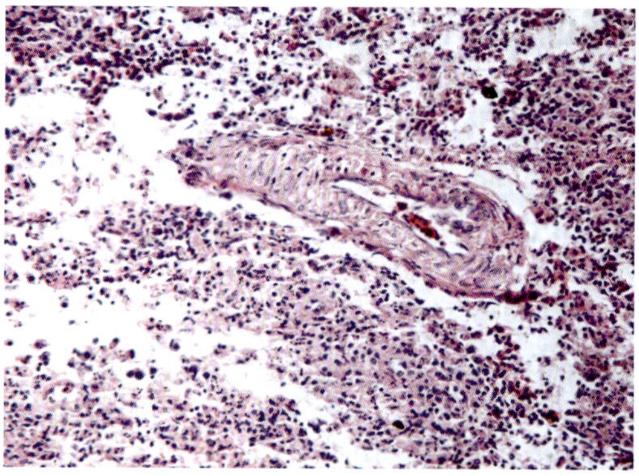

H&E，×200 图 10-F

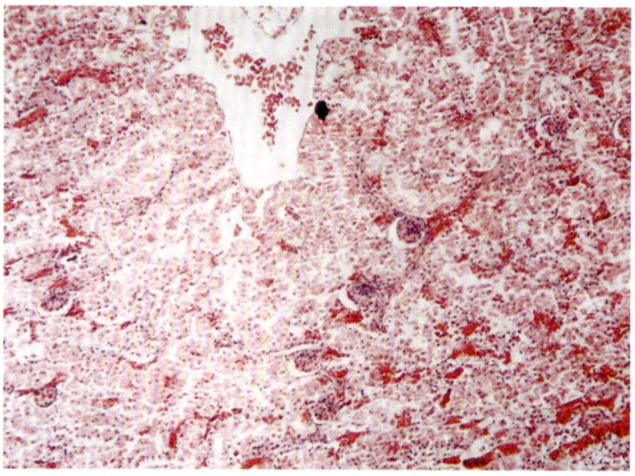

H&E，×100 图 10-G

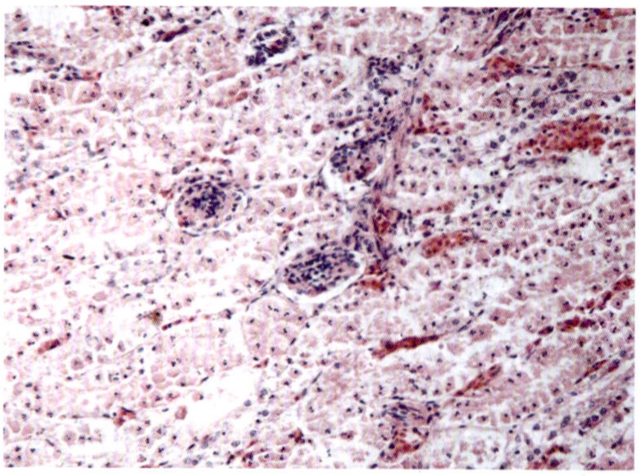

H&E，×200 图 10-H

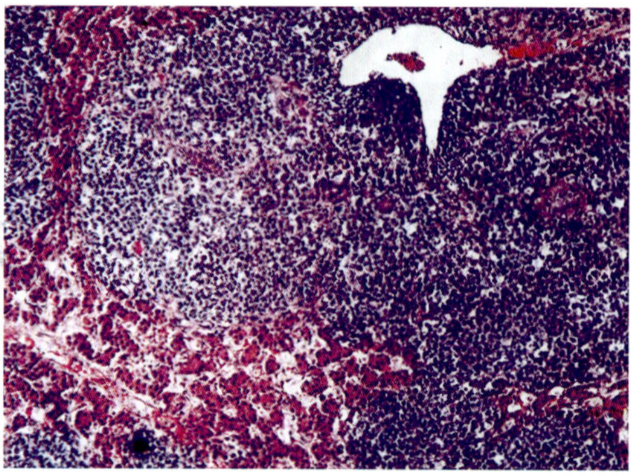

H&E，×100 图 10-I

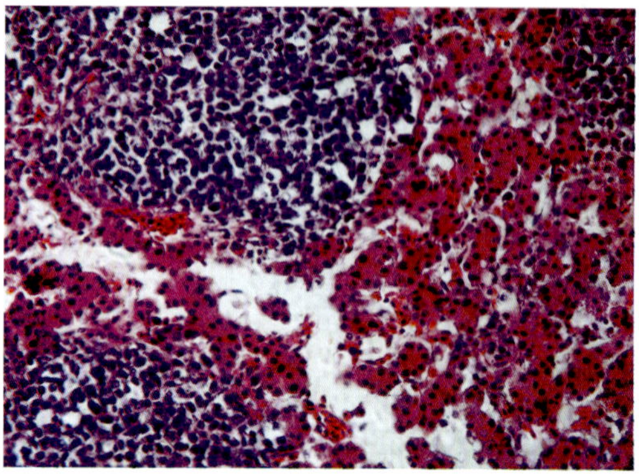

H&E，×200 图 10-J

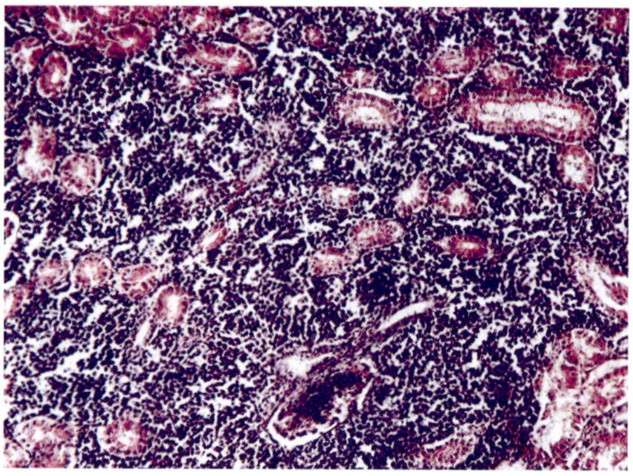

H&E，×100 图 10-K

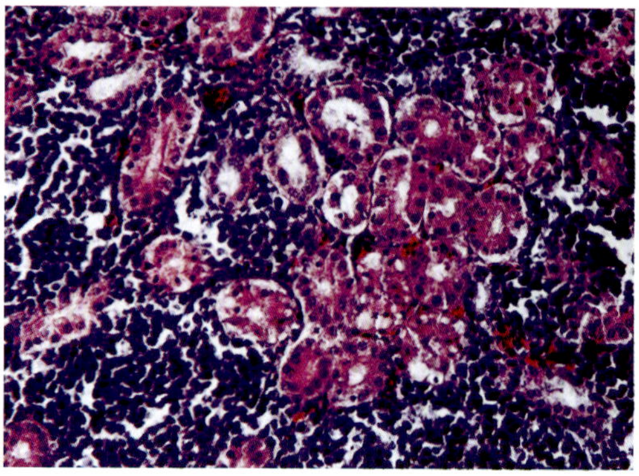

H&E，×200 图 10-L

示 教 图 片

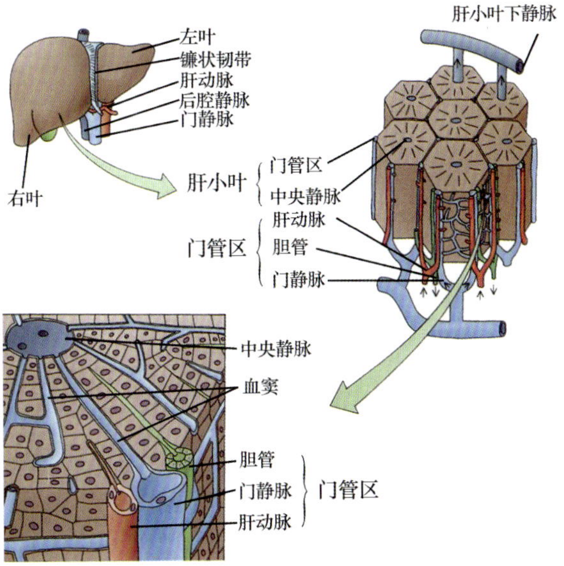

示图 1　肝脏模式图

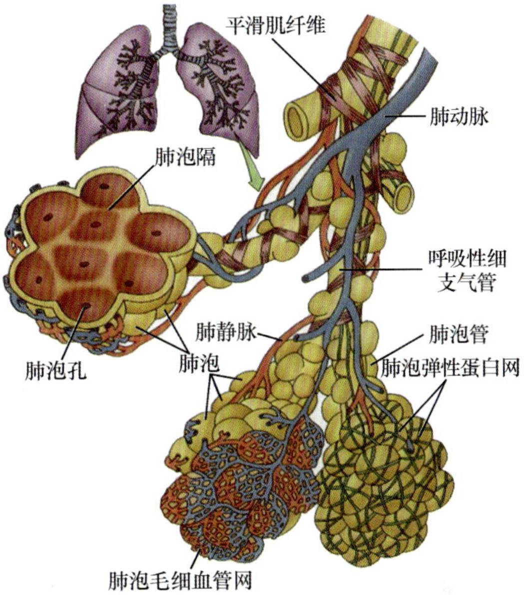

示图 4　肺脏模式图

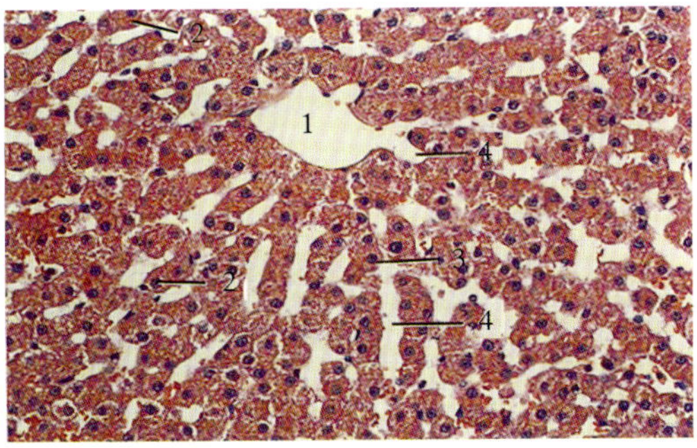

示图 2　肝小叶

1. 中央静脉　2. 肝细胞　3. 肝细胞核　4. 肝窦

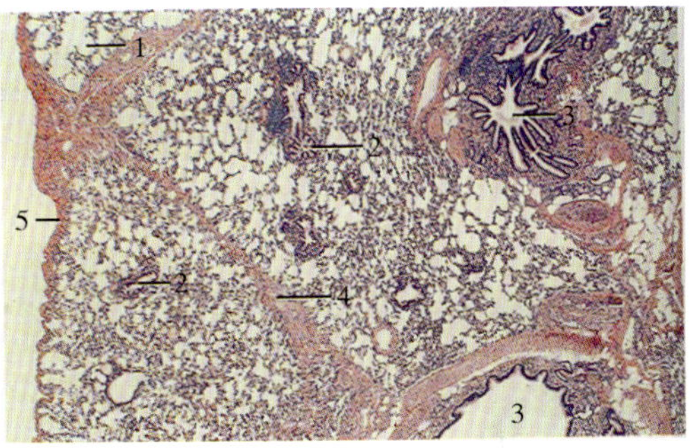

示图 5　肺脏（猪）

1. 肺泡　2. 细支气管　3. 支气管　4. 间隔
5. 肺胸膜

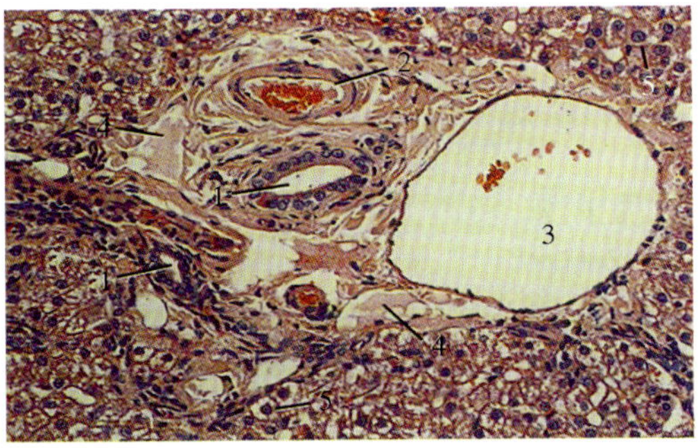

示图 3　肝脏的门管区

1. 小叶间胆管　2. 小叶间动脉　3. 小叶间静脉
4. 淋巴管　5. 肝细胞

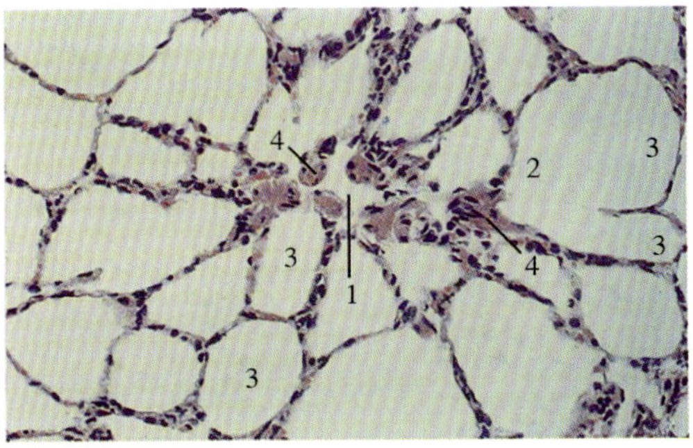

示图 6　肺的呼吸部

1. 肺泡管　2. 肺泡囊　3. 肺泡　4. 平滑肌

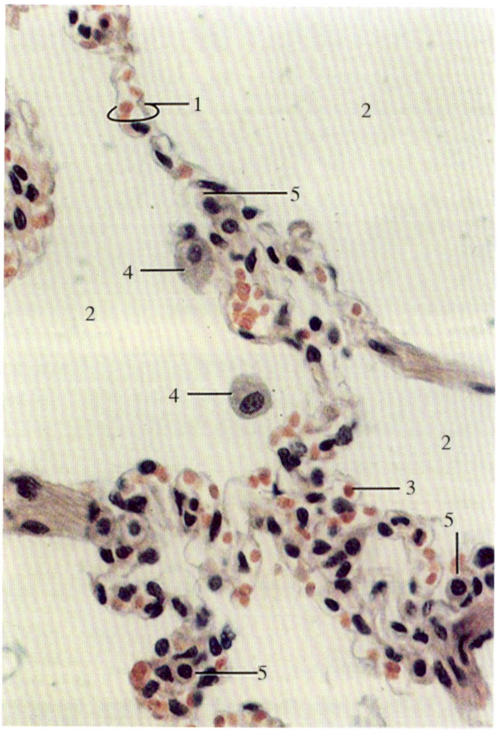

示图 7 肺泡

1. 肺泡隔 2. 肺泡 3. 毛细血管内的红细胞
4. 巨噬细胞 5. Ⅱ型肺泡细胞

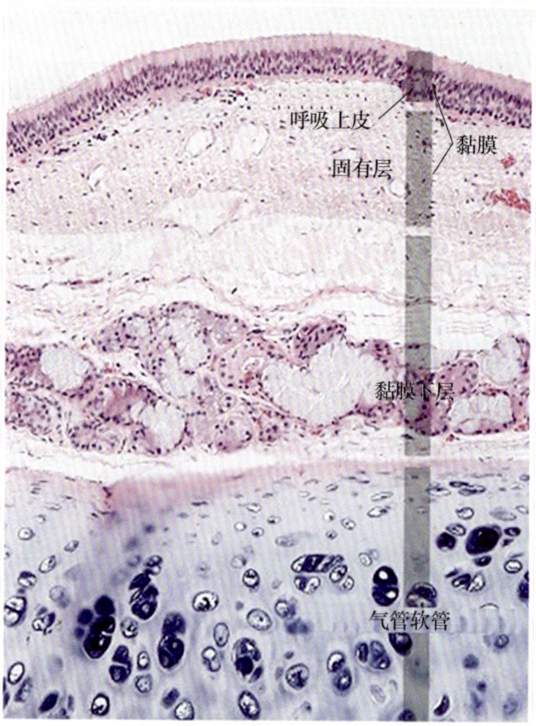

示图 8 气管

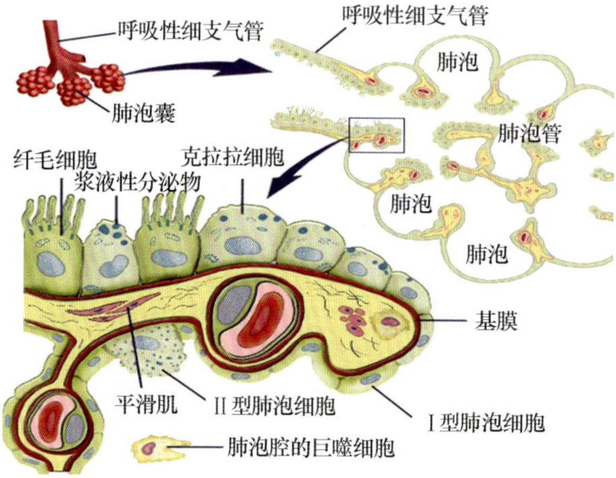

示图 9 肺泡囊模式图

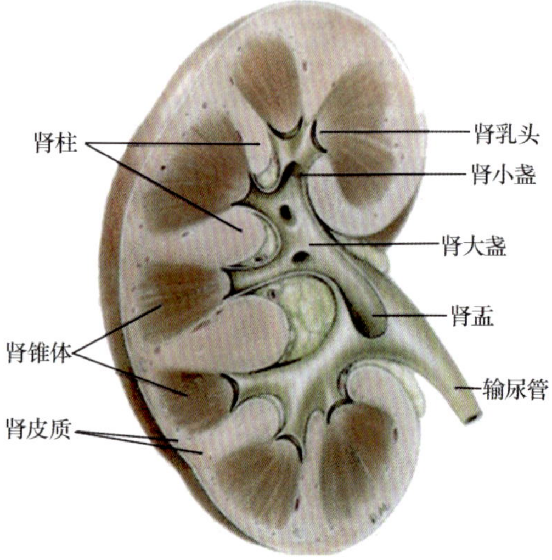

示图 10 肾纵剖面模式图

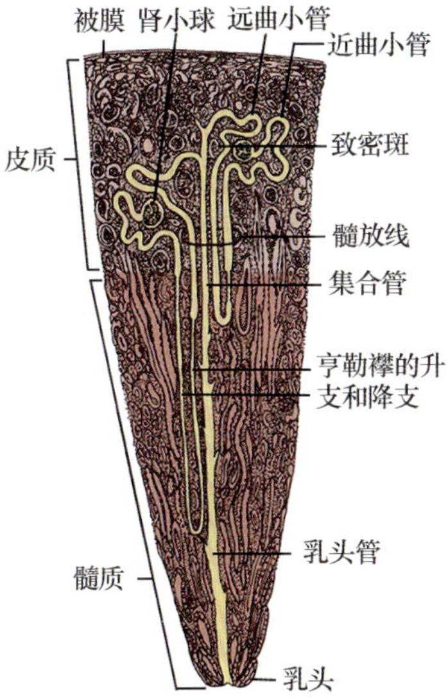

示图 11　泌尿小管分段及在肾内各区分布示意图

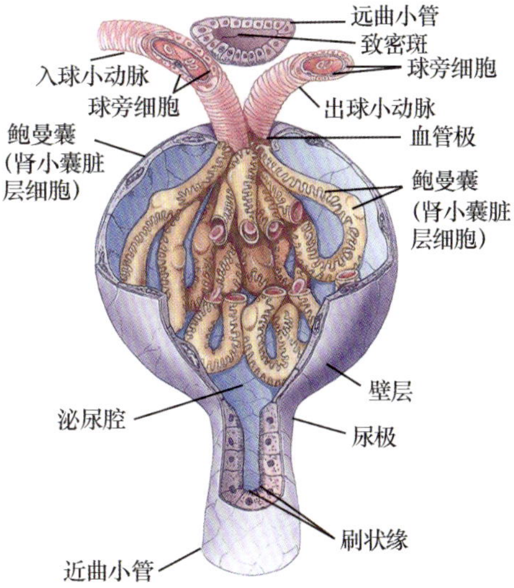

示图 12　肾小体模式图

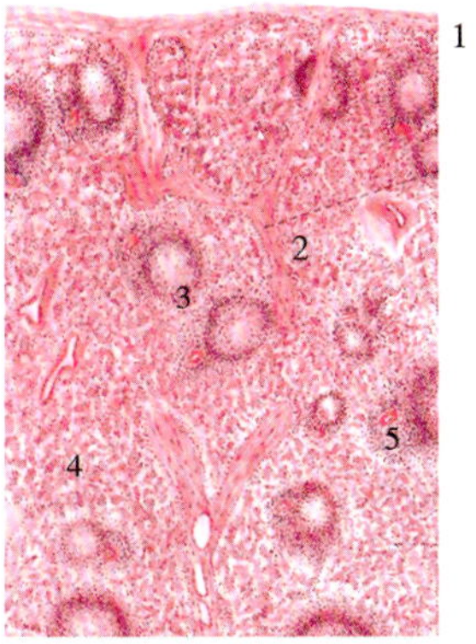

示图 13　脾脏

1.被膜　2.小梁　3.白髓　4.红髓　5.中央动脉

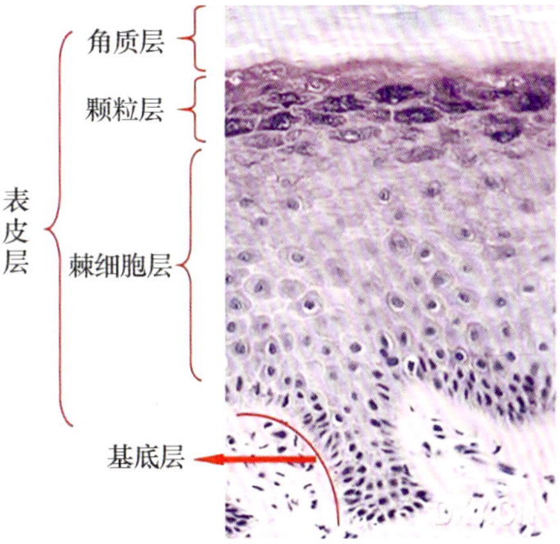

示图 15　表皮结构

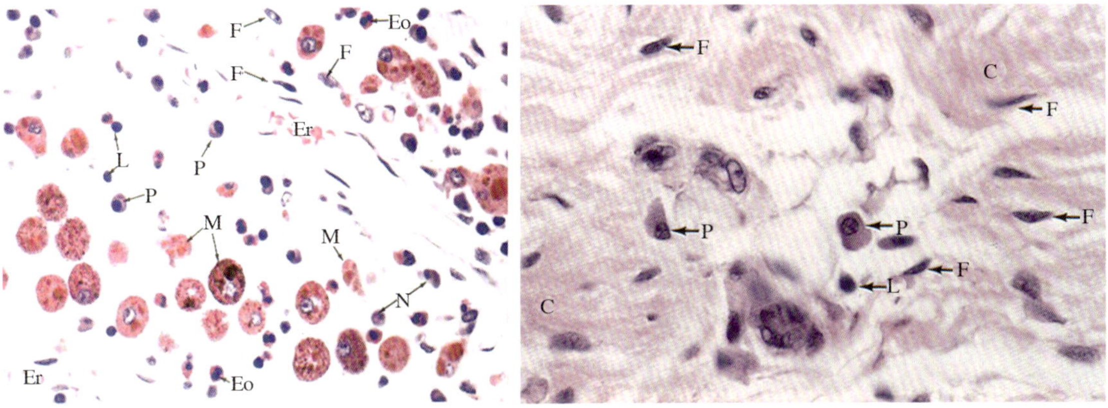

示图 14　各型炎性细胞

Eo.嗜酸性粒细胞　M.巨噬细胞　N.中性粒细胞　Er.红细胞　P.浆细胞　F.成纤维细胞　L.淋巴细胞　C.结缔组织

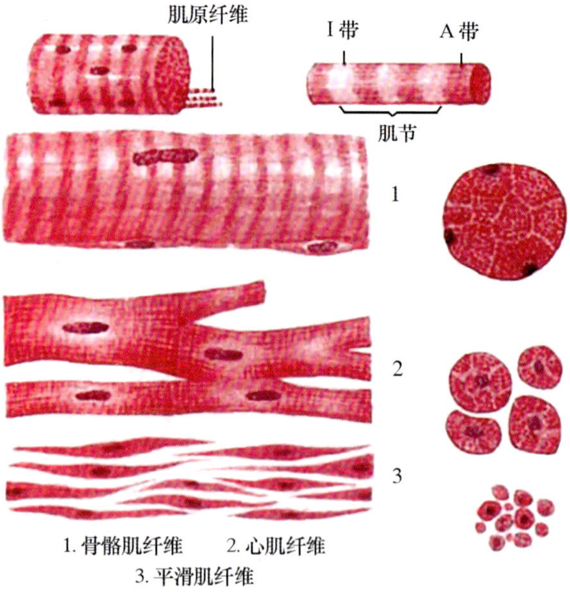

三种肌纤维（H&E，高倍）

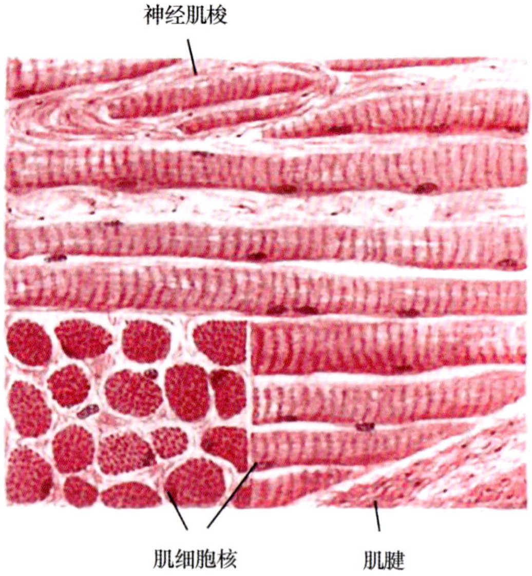

骨骼肌纤维纵横切面（H&E，高倍）

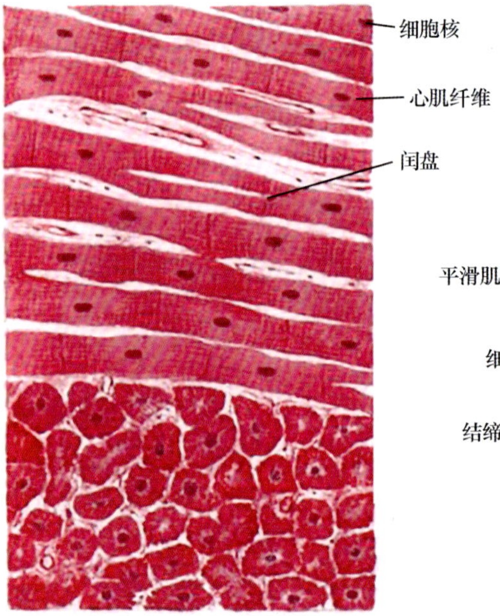

心肌纤维纵横切面（H&E，高倍）

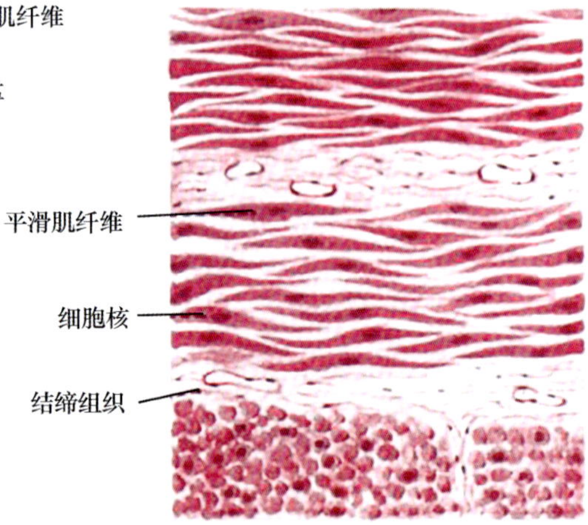

平滑肌纤维纵横切面（H&E，高倍）

示图 16　骨骼肌、心肌、平滑肌组织

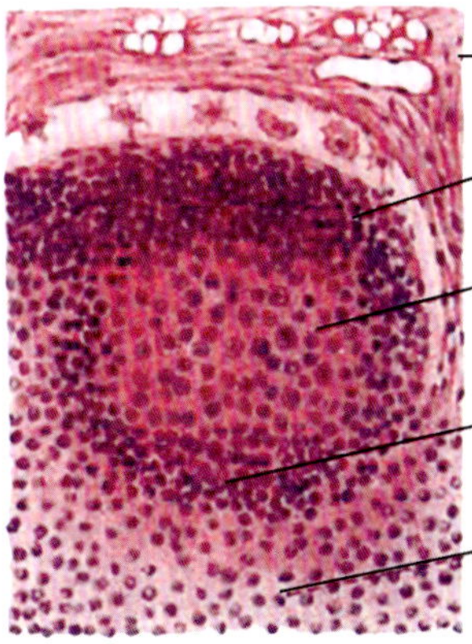

淋巴小结微细胞结构（H&E，高倍）

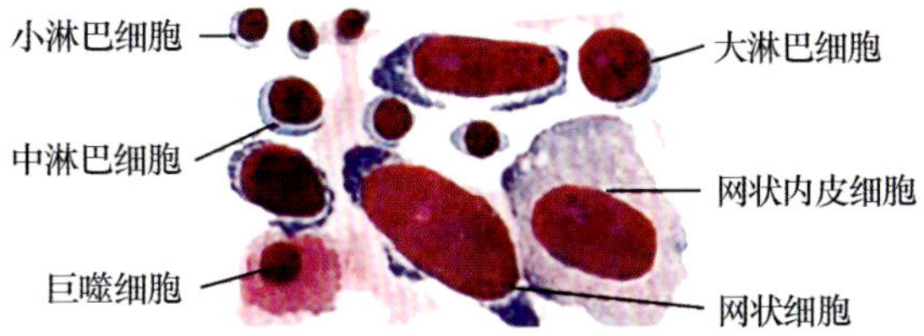

小结内细胞

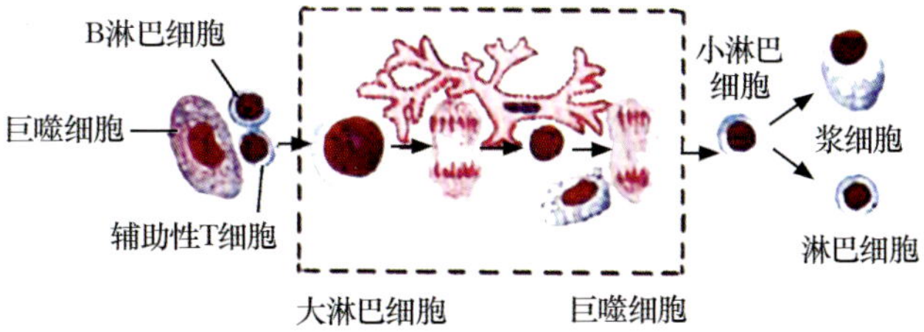

小结细胞的分化

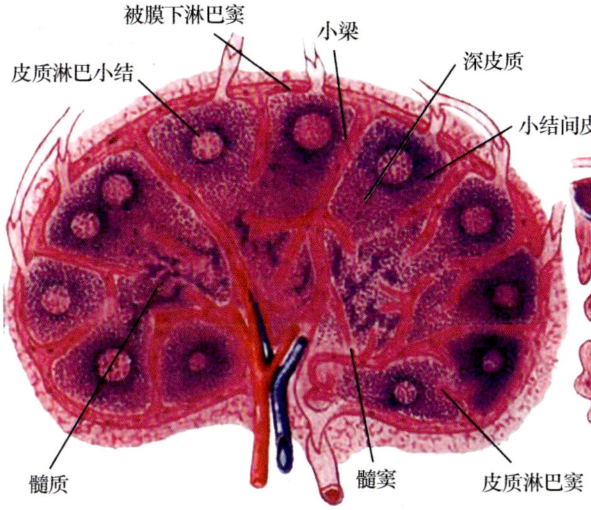

淋巴结结构

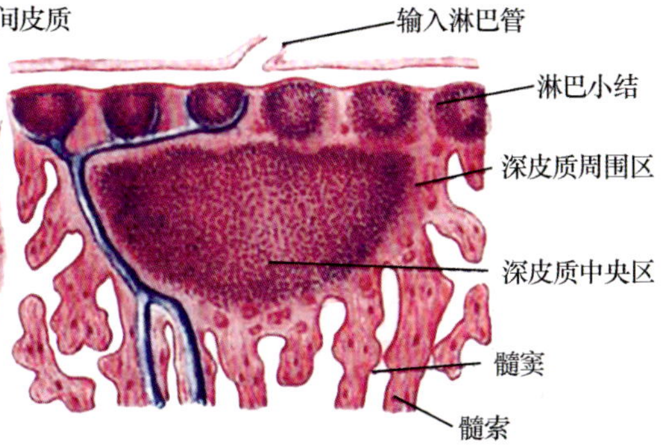

深皮质单位结构

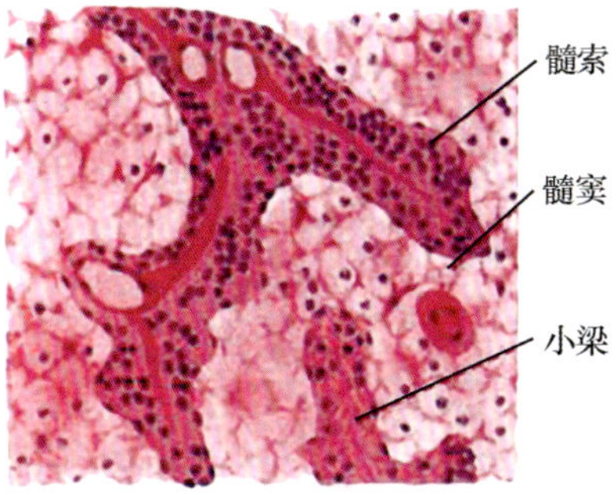

淋巴结髓质的结构（H&E，高倍）

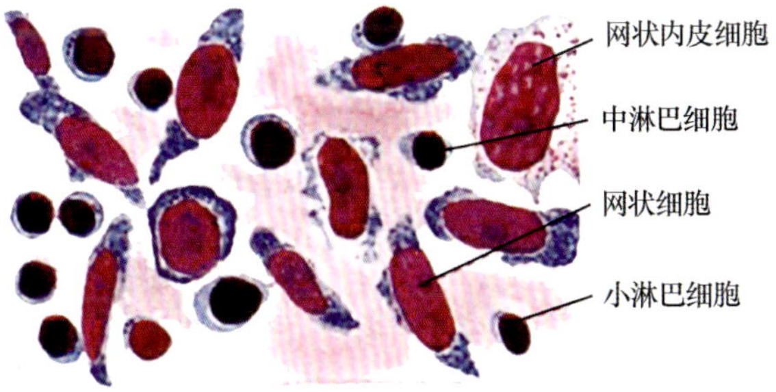

髓质内细胞

示图 17　淋巴结结构

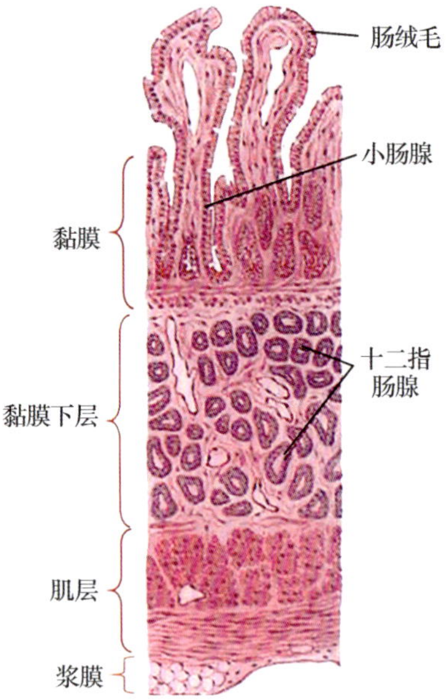

示图 18　十二指肠组织结构

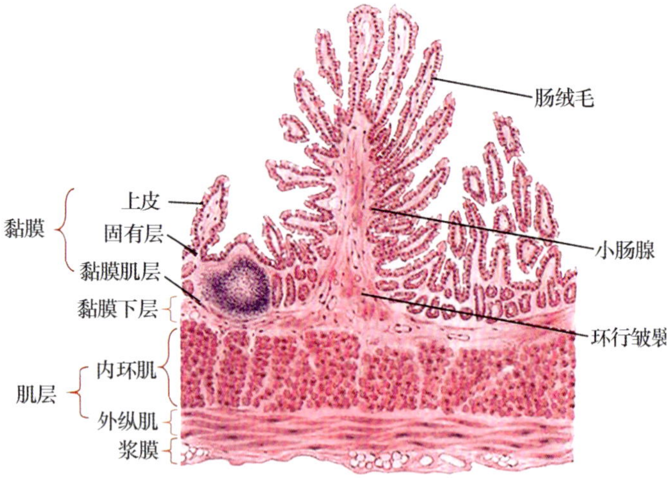

示图 19　空肠组织结构

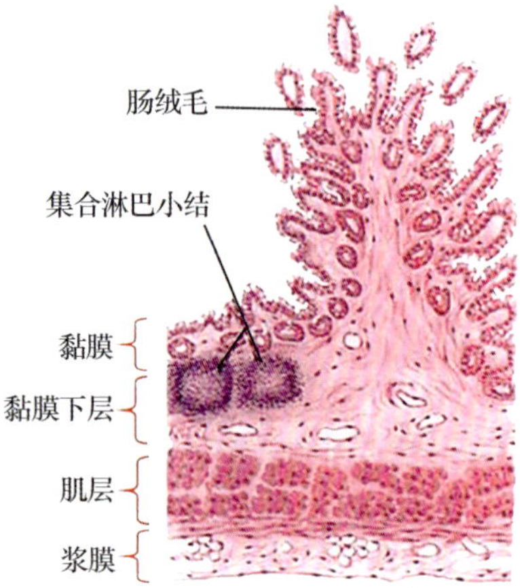

示图 20　回肠组织结构

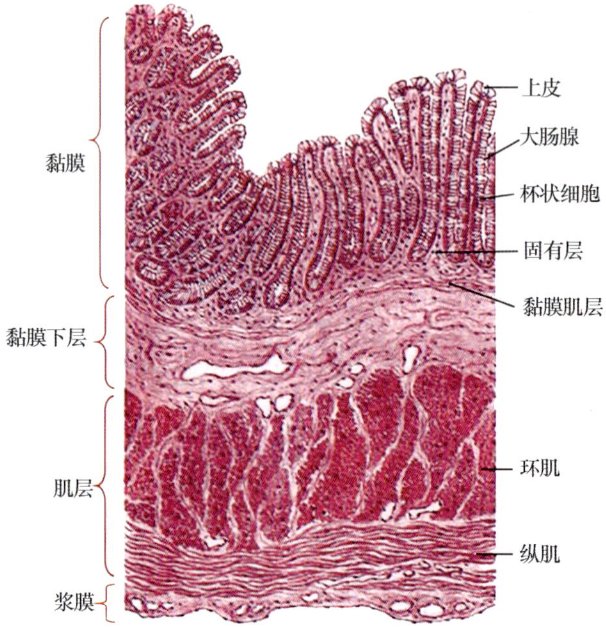

示图 21　大肠组织结构

全国高等农林院校新体系实验教材

动物病理解剖学实验教程

杨玉荣　焦喜兰　主编

中国农业大学出版社
·北京·

内容简介

本书介绍了动物病理解剖中各器官和组织细胞的损伤、适应性反应、炎症、肿瘤病变等大体标本观察和组织切片标本观察，动物病理剖检技术，以及动物病理组织材料检验方法，可供动物医学类各专业本科生、兽医病理学及相关专业研究生使用，也可供动物食品卫生检验人员、野生动物和水生动物工作者以及从事医学和动物医学教学、科研等工作的有关人员参考。

图书在版编目(CIP)数据

动物病理解剖学实验教程/杨玉荣，焦喜兰主编. —北京：中国农业大学出版社，2012.2(2022.1重印)

ISBN 978-7-5655-0477-8

Ⅰ.①动… Ⅱ.①杨…②焦… Ⅲ.①动物疾病-病理解剖学-实验-高等学校-教材 Ⅳ.①S852.31-33

中国版本图书馆 CIP 数据核字(2012)第 011054 号

书　　名 动物病理解剖学实验教程

作　　者 杨玉荣　焦喜兰　主编

策划编辑 张　程　潘晓丽　　**责任编辑** 王艳欣

封面设计 郑　川　　**责任校对** 陈　莹　王晓凤

出版发行 中国农业大学出版社

社　　址 北京市海淀区圆明园西路 2 号　　**邮政编码** 100193

电　　话 发行部 010-62733489，1190　　读者服务部 010-62732336

编辑部 010-62732617，2618　　出　版　部 010-62733440

网　　址 http://www.cau.edu.cn/caup　　**e-mail** cbsszs@cau.edu.cn

经　　销 新华书店

印　　刷 涿州市星河印刷有限公司

版　　次 2012 年 2 月第 1 版　2022 年 1 月第 2 次印刷

规　　格 787×1 092　16 开本　6 印张　145 千字　彩插 8

定　　价 29.00 元

图书如有质量问题本社发行部负责调换

编 审 人 员

主编　杨玉荣　焦喜兰

编者　(以姓氏笔画为序)

王平利(河南农业大学)

王英华(河南省畜牧局动物疾控中心)

田海燕(中国农业大学)

龙　塔(河南科技大学)

杨玉荣(河南农业大学)

胡艳欣(中国农业大学)

彭开松(安徽农业大学)

焦喜兰(河南农业大学)

主审　梁宏德(河南农业大学)

前　　言

动物病理解剖学是研究动物机体患病时形态结构的变化及其发病原因和发病机理，从形态学的角度揭示疾病的本质和发生、发展的一般规律的一门学科。动物病理学既是兽医科学中一门具有“桥梁”作用的专业基础课，又可作为应用学科直接参与疾病的诊断和防治。因此，动物病理学是兽医学科的关键和主干课程，对动物病理学的掌握程度，直接关系到兽医专业学生及兽医的临床综合思维能力和诊疗水平。动物病理解剖学实验是该课程的重要组成部分，仔细观察各器官、组织和细胞的病理形态结构，并在此基础上进行理解、描述和分析诊断是学好该基础课所必须采用的方法。因此，编写一本高质量的实验指导教材很有必要。

《动物病理解剖学实验教程》是在河南农业大学使用多年的原校内教材《动物病理学实验指导》的基础上加以充实和更新编写而成的。本实验教程采用PBL(Problem-based Learning)模式，其核心是“以问题为基础的学习”，是一本“带着问题的实验指导教材”，让学生主动应用所学知识解决问题。全书共有16个实验，含彩色病理组织插图80幅，全部来自河南农业大学动物病理室切片标本；含彩色正常组织示教图片21幅，引自William J. Bacha, Jr., Linda M. Bacha著《Color Atlas of Veterinary Histology》及南昌大学医学院的“http://www.jxmu.edu.cn/zupei/colorjpg/index.html组织彩色图谱”，吸取了国内外同类教材的精华。希望本书能在教学中发挥积极作用，充分调动学生的创造性、积极性和主动性，让每一个经典病理学形态刻入学生的思维中。

初稿完成后，主审梁宏德教授对全书进行了精心审改，并提出许多宝贵的意见和建议，在此基础上，主编对全书做了大量、全面、系统的修改。在此，我们对在该教材编撰中作出贡献和给予帮助的全体同仁表示衷心的感谢。

本书的编写分工如下：胡艳欣、田海燕，实验一；杨玉荣，用箭头标出下列各图的主要病理变化、示教图片、绪论、实验二、实验三、实验四、实验五、实验六、实验七、实验八、实验九、实验十；焦喜兰，用箭头标出下列各图的主要病理变化、示教图片、实验十一、实验十二、实验十三；彭开松，实验十四；王平利，实验十五；龙塔、王英华、杨玉荣，实验十六。

本教材在编写上有一些创新和改进，但由于水平有限，书中存在的缺点和错误之处，恳请各位同仁和读者不吝指正，以便今后进一步修订。

杨玉荣

2011年12月

目　　录

绪　论

一、学习的目的和要求

动物病理解剖学实验是运用解剖学、组织学、生理学及生物化学的方法，来印证、巩固和扩大本课程理论知识的一门实验科学，通过实验掌握基本病理过程和识别典型疾病的病理变化。学习本课程的目的和要求如下：

● 验证理论，在认识观察标本和实验的基础上，联系课堂所讲的理论，从而对课本知识、形态描述和理论概念加以理解、巩固和掌握。

● 熟练掌握病理形态学观察、描述及诊断方法，在实验时，按一定的顺序对标本进行全面细致的观察，并准确而简练地描述图片的病理变化。

● 为了更确切地认识和掌握病理形态学变化，除了要掌握形态学的观察、描述方法外，还要熟练掌握显微镜的使用技能，同时要使学生在实验中对所观察的各种病理变化，具备分析、综合、比较、鉴别的能力，并能联系病变的发生发展过程、功能障碍与整体的相互联系，以培养科学的思维能力。

二、学习的材料和内容

病理学实验的材料和内容，主要是对畜禽病变的大体标本、切片标本和病理图片进行观察，同时还有尸体剖检。要求学生在各个脏器病变观察的基础上，进行分析、综合，作出正确的病理诊断。

三、学习的方法和步骤

每次实验前应预习实验指导，了解每次实验的内容，然后复习与该次实验有关的理论知识（包括解剖学、组织学和病理学）。实验的具体方法步骤如下：

（一）大体标本的观察与诊断

大体标本通常用10％的福尔马林溶液固定。标本原来血液的红色，经固定后变成黑色，有些经原色保存液保存的标本，则保持脏器及其病变的固有颜色，实验时应注意。

观察大体标本的顺序是“由表及里（先表面后切面），由面到点（先全面看，再重点观察）”，并按一定的层次观察。

● 先观察标本是哪个器官，属于器官的哪一部分，若仅是切除器官的病变部分，则要查明标本取自哪一脏器或哪一部分组织。

● 注意标本器官的体积和重量较正常有无增减。有腔器官（如心、胃、肠等）注意其腔是否扩大或变窄，腔壁有无变薄或增厚，腔内有何内容物。

● 观察器官是否变形，并注意表面和切面的各种形态有无改变，包括光滑度（平滑或粗糙)、光泽、湿润度(湿润或干燥)、透明度、颜色、硬度(变硬、变软、变韧或松脆)。

● 从以下几方面对病性进行观察及描述。

分布及位置:在器官或肢体的哪一部分,弥漫性或局限性。

数量:单个或多个。

大小:体积大小以"长×宽×厚"(厘米)表示(如 5 cm×3 cm×2 cm),或为了易于领会起见,可用实物来形容,如小米大、芝麻大、黄豆大、鸡蛋大、拳头大等。

形状:如乳头状、菜花状等。

色泽:何种颜色、有无光泽。

硬度:软、硬、松脆、韧等。

与周围组织的关系:界限明显或模糊,有无压迫或破坏周围组织。

(二)病理组织切片的观察与描述

病理组织切片观察是学习和研究病理解剖学的重要手段,也是实验课的重点内容,实验时要认真观察每一张切片,观察该切片要看的主要病变,并扼要分析其发生机理。通过对病变的观察、分析、综合、鉴别和比较,作出诊断。切片标本的观察方法步骤如下:

1. 肉眼观察切片外貌

首先用肉眼检查切片,辨认器官种类,组织形态,大体结构和病变的部位、形态及大小,便于显微镜下寻找。

2. 低倍镜观察

注意组织切片的名称和染色方法,组织切片多用苏木素-伊红(hematoxylin-eosin)染色,即 H&E 染色,特殊染色将注明。H&E 染色,细胞核染成蓝紫色,细胞浆和胶原纤维染成粉红色。

将切片置于显微镜载物台时,注意不要使玻片放反(盖玻片应朝上),否则之后无法进行高倍镜观察,且易将玻片压破。观察时,上下、左右移动切片,全面细致地观察。

(1)观察切片的一般外貌　确定是何种组织,组织结构是否保持正常或已破坏,各部位的着色是否均匀,实质和间质的比例关系,被膜是否增厚或变薄,有无增生或破坏。如有,应观察病灶的形状、大小和程度,中心及外围的情况,以及周围组织的情况。

(2)观察血管系统的状态　有无充血、淤血或出血,其部位和范围如何,大、中、小血管和毛细血管的管腔和管壁如何。

(3)观察结缔组织的状态　细胞呈何种状态,是否增多、减少或变得稀少,结缔组织有无增生、水肿、炎性细胞浸润。

(4)观察实质细胞的状态　在整个切片中实质细胞的着色是否均匀,与结缔组织、网状组织或网状内皮组织的比例关系。

(5)观察神经纤维的变化　有无变粗、变细、断裂现象。

3. 高倍镜观察

用高倍镜观察细胞的形态及一些较微细的结构成分,使用时一定要先用低倍镜找到要观察的部位,固定于视野中央,然后再转用高倍镜。在高倍镜下,移动观察切片的范围不能太大,因视野小用来找病灶不易找到,故应低倍镜和高倍镜轮换使用。

(1)观察血管和毛细血管的状态　红细胞和白细胞处于何种状态,其着染状态和形状如何,各种白细胞的比例关系,淋巴细胞、单核细胞和其他血细胞的状态,血管和毛细血管是否充盈血液，其内皮细胞的状态如何；大、中、小血管壁呈现何种状态，细胞有无肿胀、变圆，血管内皮剥落等情况，细胞膜和核呈何种状态、形状，胞浆的状态如何。

(2)观察血管周围的间隙情况　有无水肿及扩张，有无组织细胞的增生，增生细胞的种类、数量如何，增生的范围有多大，增生细胞的胞浆呈何种状态。

(3)观察结缔组织基质的状态　有无水肿、肿胀和混乱，成纤维细胞和结缔组织细胞处于何种状态，结缔组织的细胞核和胞浆着染的色彩、结构和其他特征如何，有无增生和浸润的细胞，它们的种类和数量如何。

(4)观察神经纤维和神经细胞　其核和胞浆、神经纤维的着染程度如何，构造上有无变化。

(5)观察实质细胞的状态　细胞的着染程度，它们的核和胞浆结构如何，有无萎缩、颗粒变性或其他变性，有无坏死变化，实质细胞的排列是否整齐，与结缔组织的比例关系如何。

(6)观察被膜　是否增厚或变薄，有无增生。

4.诊断

根据以上观察和描述的变化，正确地作出组织切片的诊断。镜检时，应按组织学层次和结构进行观察，并注意病变位于何处，以何处为最突出。描述病理变化时，把书翻到图版"用箭头标出下列各图的主要病理变化"，用水平直线标出，要求含器官或组织名称＋部位＋病理变化，如肝脏肝小叶的叶间充盈多量红细胞。诊断的写法是：器官名称＋病理变化，如肝脂肪变性。实验观察大体标本及切片标本时，必须并重，不可偏废，以求全面了解。

(三)光学显微镜的使用

光学显微镜虽有多种型号，但基本构造大致相同，都包括机械部分和光学部分。下面以普通型复式显微镜为例介绍其结构及使用方法。

1.显微镜的结构

(1)机械部分　主要包括镜座和镜柱、镜臂、载物台、镜筒、物镜转换器、调焦螺旋。

镜座和镜柱：支持和稳定整个镜体的主要部件，通常由铸铁制成。

镜臂：连在镜柱上端的弯曲部分。

载物台：放置标本的平台。载物台中央有圆孔，可使光线透过。载物台上附有一对压簧板或可使切片前后左右移动的推进尺。

镜筒：位于镜臂前上方，是成像光柱的通道，镜筒上端装接目镜，下端装物镜转换器。

物镜转换器：有3～4个物镜孔，装接物镜于转换器时，低倍、高倍至油镜依次以顺时针方向安装，便于使用。物镜孔的螺纹和口径是国际统一标准，可换用任何国家生产的接物镜。

调焦螺旋：分粗调螺旋和细调螺旋。旋转时，或调动镜筒，或调动载物台，以调节焦距使物像清晰。粗调螺旋调节范围较大，每转一周可使镜筒或载物台升降约10 mm；细调螺旋的调节范围较小，每转一周，镜筒或载物台升降0.1～0.2 mm。

(2)光学部分　主要包括接物镜、接目镜、聚光器、底座。

接物镜(物镜)：装于物镜转换器上，一般有4倍、10倍、40倍及油镜(90～100倍)等数种。10倍以下(含)为低倍镜，40倍左右为高倍镜。通常使用的是单消色差(achromatic)物镜，即只校正了一种颜色，通常是黄绿色的球面差。接物镜的外筒壁上除标有"Achromatic"外，还有焦距和数值孔径(NA)等数值。NA值越大，分辨率越高。接物镜的作用是分辨标本的细节，产生有效的初级图像。因此，接物镜质量的好坏是决定图像优劣的首要因素。

接目镜(目镜)：装于镜筒上端。接目镜外筒壁标有放大倍数，还有表示透镜光学校正程度的符号，如P或Plan表示平场，即视野弯曲已被校正。在复式显微镜中，目镜的作用是放大由物镜所产生的初级图像，并使其在显微镜中复制成一个可见的虚像。因此，目镜虽然不能提高分辨率，但有缺陷的目镜却使图像的质量降低。图像的放大倍数＝目镜放大倍数×物镜放大倍数。

聚光器：装于载物台下方，可聚焦光源发出的光，并通过载物台的中央孔透过标本。聚光器也有调节螺旋，可使其在一定范围内升降，从而调节光线进入物镜的聚散程度。实验观察时应调节聚光器的高度，使光线透过标本后所形成的光斑正好充满物镜，以充分发挥物镜的分辨率。聚光器多配有可变光栅，可开大或缩小，以调节进入聚光器透镜光束的数目。光线的聚散和光束的数目共同决定进入物镜的光强。适当的视野照明有助于增强图像的对比度。有些聚光器还配有滤光片支持框，可以向内外移动，以便放置滤光片。

底座：内置220 V电源，6 V光源，亮度可连续调节。

2. 显微镜的使用及注意事项

(1)搬运和放置　搬运时，右手持镜筒，左手托镜座，保持镜体垂直。放置时，显微镜靠近身体的胸前略偏左，以便右手记录或绘图。显微镜距离桌沿不得少于3 cm，以免碰落损坏。

(2)调节照明　转动物镜转换器，使低倍镜对准聚光器，两眼睁开，注视目镜。打开可变光栅，先将亮度调节钮关至最小，然后打开电源开关，适当调节亮度。升高聚光器，使光线进入物镜。要求视野全部照明，并且亮度均匀，光强适宜。调节照明时，应根据光源光线的强弱、标本的具体情况和所用物镜的倍数，灵活运用聚光器和可变光栅，以增加标本的明暗对比；用高倍镜和油镜时，要升高聚光器并缩小可变光栅，使视野明亮。

(3)放置标本　将标本的盖片面向上，放置于载物台上，用压簧板或推进尺固定。应注意用厚盖片封盖的标本，不能用高倍镜或油镜观察。这是因为物镜的放大倍数越大，工作距离越小，过厚的盖片无法使高倍镜对被检标本聚焦。放反了的标本，实际上是将较厚的载片变成了盖片，也无法聚焦。因此，粗心大意时会压碎标本，甚至损坏镜头。

(4)调焦　将标本移至物镜下方，一边从目镜中观察，一边转动粗调螺旋，直至找到观察目标并将物像调至清晰。低倍镜观察视野较大，便于全面了解标本的情况。如需观察标本中某部分的细节，可将这部分移至视野中央，再换高倍镜观察。通常显微镜如已调好低倍镜的焦距，换高倍镜后只用细调螺旋调焦即可。

(5)油镜的使用　需用油镜观察的标本，应先经低倍镜、高倍镜找到要观察的物像，并将其移至高倍镜视野中央。然后降低载物台或旋高镜筒，把高倍镜转离标本，于标本的观察部位滴上一小滴香柏油，转换油镜。从显微镜侧面边看物镜镜头，边升高载物台或向下调节镜筒，使镜头浸入油内紧贴玻片。最后，从目镜观察，转动粗调螺旋使油镜离开玻片，出现物像，再调节细调螺旋使物像清晰。由高倍镜换油镜后，应升高聚光器并开大可变光栅，使视野明亮。观察完毕，移开镜头，用蘸有乙醚-乙醇(7∶3)混合液的擦镜纸擦净镜头和标本。

(6)保养和收藏　显微镜是结构精密的仪器，在使用时必须小心爱护。显微镜的任何零件不得随意拆卸，也不要任意取下目镜，谨防灰尘落入镜筒。显微镜光学玻璃有污垢时，可用擦镜纸或绸布轻轻擦拭，勿用手指、粗纸或手帕，以免损坏镜面。显微镜的机械部分可用纱布擦拭。显微镜使用完毕后，应降下载物台或镜筒，将物镜转成八字形垂于镜筒下。收藏显微镜应避免潮湿和灰尘，避免与化学试剂或药品接触。最好是收藏在镜箱中，通常还需在镜箱内放置防潮硅胶，并定时更换以保持干燥，以防止显微镜的光学部分长霉和金属部分生锈。

四、对实验报告的要求

- 实验报告反映学生对病变描述、诊断及思考问题的能力，并培养学生严格记录结果的习惯，以及严肃的科学态度和作风，故必须认真完成。
- 实验报告要求整洁，字体端正，不得潦草；文字通顺，描述简练准确。
- 实验报告应于每次实验结束时交给老师，教师审阅发还后，要妥善保存，以备复习时用。

实验一　局部血液循环障碍

一、实验目的和要求

掌握肝淤血以及肺淤血的病理变化，掌握充血、出血及梗死（hyperemia、hemorrhage and infarct）的病理形态学特征，了解其发生原因、发生机理以及对机体的影响。

二、实验材料

（1）充血　肺充血（大体标本、切片标本）。

（2）淤血　肝淤血（大体标本、切片标本）、肺淤血（切片标本）。

（3）出血　心肌出血（大体标本、切片标本）、心内膜出血（大体标本）、胃黏膜出血（大体标本）、膀胱黏膜出血（大体标本）、肾出血（大体标本）、耳翼血肿（大体标本）。

（4）梗死　出血性梗死（大体标本、切片标本）、贫血性梗死（大体标本）。

三、主要实验内容

（一）肝淤血（猪）

眼观：慢性肝淤血的肝脏叶下静脉、叶间静脉、肝小叶内的中央静脉及窦状隙内均因淤积多量血液而呈现暗褐色（新鲜为紫红色），变性、坏死的肝细胞呈黄白色，切面上暗褐色与黄白色相间，形似槟榔的切面。急性肝淤血时，肝体积略增大，被膜紧张，切面外翻，呈蓝褐色，淤血部多在肝小叶中央静脉及近中央静脉的窦状隙。此标本肝小叶界限明显，每个肝小叶体积均略增大，切面上可见中央静脉扩张。

显微镜下：①肝小叶的界限尚可分辨。每个肝小叶的中央静脉及靠近中央静脉的窦状隙均扩张，其中蓄积大量的红细胞及血液的其他成分。②肝小叶的叶间及叶下静脉亦扩张并充盈多量红细胞及血液的其他成分。③肝小叶中央静脉的管壁已不易辨认，肝细胞索排列紊乱。④肝细胞有变性。

（二）肺充血（牛　坏疽性肺炎）

眼观：肺组织变实，重量增加，被膜增厚紧张；切面部分组织发生实变，肺内散在多量棕褐色斑点；肺间质内可见灰白色纤维条索；病程长者可致肺组织呈褐色硬化。此标本是牛患坏疽性肺炎时肺脏的一个断面，可见其体积稍肿大，切面上多数部位呈鲜红色，在中、小动脉的断端可见其管腔扩张，充盈多量血液，此即炎症过程中的充血现象。

显微镜下：肺组织间隔增宽，部分肺泡腔内可见淡红色物质。肺泡壁毛细血管显著扩张并充满红细胞，肺泡腔充满红细胞，部分肺泡腔内可见有均质淡红染水肿液，病程长者可见肺泡腔内含心力衰竭细胞或褐色的含铁血黄素颗粒。

（三）慢性肺淤血（猪）

显微镜下：肺泡壁毛细血管扩张，充盈多量红细胞，纤维结缔组织轻度增生，使肺泡壁增厚。

（四）出血性梗死（猪瘟　脾脏）

眼观：脾脏体积正常或稍增大，其边缘或表面有暗红色单个或多个、大小不等的隆起的或略高于周围组织的梗死灶，分界清楚，质度硬实。梗死灶多时，可互相融合。切面上见梗死灶呈结节状或锥体状。锥体状的梗死灶底部位于表面，尖端指向脾脏中心。梗死灶黑红色，但中央色稍淡，较干燥，无光泽，脾结构轮廓尚能辨别。梗死灶周围有暗红色的出血性浸润带。

显微镜下：梗死组织结构模糊，弥散着红细胞和炎性细胞，组织细胞坏死崩解，血管扩张并充满血液。

（五）贫血性梗死（肾）

眼观：肾梗死灶在皮质部呈锥体状，底端朝着肾表面，色灰白或黄白，界限清楚；大小不一，常见的为小指甲大；稍隆起、硬实，有红色的出血和炎症反应带环绕。

（六）贫血性梗死（牛　牛传染性胸膜肺炎　肺脏）

牛患传染性胸膜肺炎时，肺脏因小动脉发炎，导致血栓形成，因而造成肺脏的贫血性梗死。坏死处肺组织呈灰黄色，晦暗无光，但其切面上仍可见到肺小叶及其间质的轮廓。小叶实质已与间质分离，形成游离的坏死块，坏死块呈椎体状。

（七）心肌出血（猪）

眼观：心肌表面及切面都可见线状、条索状出血，呈宽窄不一的散在弥漫分布。

显微镜下：心肌纤维间可见灶状出血，心肌纤维因受压发生萎缩变性。

（八）心内膜出血（牛）

各种急性传染性病及某些中毒性疾病时，往往伴有心内膜出血，多为点状或条纹状出血，发生部位以乳头肌及腱根部最为常见。标本为牛的心脏，可见针尖大小到粟粒大小的出血点和出血斑。

（九）肾出血（猪　猪瘟）

肾出血多见于肾炎、传染病、中毒及肾淤血等。标本为急性猪瘟的肾脏，肾脏的皮质部、髓质部和肾盂黏膜均见点状出血。

（十）胃、膀胱黏膜出血（猪　猪瘟）

标本为急性猪瘟的胃、膀胱，可见黏膜上弥散针尖大或绿豆大鲜红色的出血点。

（十一）耳翼血肿（猪）

标本为猪在互相咬架时发生的破裂性出血，可见耳翼肿大似鸡卵，切面上见皮下蓄积大量血液。

四、思考题

- 用箭头标出图 1-A 至图 1-F 的主要病理变化，要求含器官或组织名称＋部位＋病理变化，如：肺脏细支气管黏膜上皮脱落或肺泡腔内中性粒细胞浸润。

- 发生慢性肝淤血后，肝细胞为什么经常会发生脂肪变性？
- 心力衰竭细胞是如何产生的？
- 贫血性梗死和出血性梗死各有哪些特点？
- 哪些原因会引起肝淤血？

五、鉴别诊断

肾贫血性梗死与猪淋巴白血病时在肾脏的转移瘤块

猪淋巴白血病时在肾皮质部的转移瘤块，呈界限清楚的灰白色结节，大小不一，其周围常有出血带围绕，肿瘤内也有出血，肿瘤灶的切面是近圆形而不呈三角形，分布位置无规律。

六、示教

（一）肝脏

肝脏（liver）是最大的外分泌腺体，分泌胆汁，胆汁内无酶，但作为表面活性剂有利于脂肪的消化（示图 1）。结缔组织伸入肝实质分隔形成肝小叶（hepatic lobule）（示图 2）。

（1）肝小叶　多棱柱状，边界不清，直径 1 mm，长 2 mm，是肝脏的基本结构和功能单位。肝小叶的中央是中央静脉，周围是以中央静脉为中心放射状排列的而又相互吻合的肝细胞板，称肝板（hepatic plate），其横断面称肝索（hepatic cord）。肝细胞是多角形的腺上皮细胞，体积较大，细胞界限清楚，细胞核位于细胞中央，有的可有 2 个细胞核，核多为圆形，染色质较少（示图 2）。

（2）门管区（portal space）　常位于肝小叶棱柱体拐角处（示图 3）。门管区的结缔组织含有 3 种管道。

小叶间动脉（interlobular artery）：肝动脉的分支。

小叶间静脉（interlobular vein）：门静脉的分支。

小叶间胆管（bile duct）：肝管的分支，连接赫令管（Hering canal），由单层立方或柱状上皮围成。

（二）肺脏

肺脏（lung）外覆间皮，内含各级气管（示图 4 至示图 7）。随气管的分支数量增多，其管腔变小，管壁变薄，结构变简单。气管（trachea）是最大的气体管道，被覆假复层纤毛柱状上皮（示图 8）。肺内气体管道及其分支包括：

（1）导管部　详见实验六示教部分肺的导管部。

（2）呼吸部　包括呼吸性细支气管、肺泡管、肺泡囊（示图 9）、肺泡。

实验二　细胞和组织的损伤与修复

一、实验目的和要求

掌握并辨别各型变性和坏死(degeneration and necrosis)的形态学特征。

二、实验材料

(1)细胞肿胀　颗粒变性(大体标本、切片标本)、水泡变性(大体标本)。

(2)脂肪变性　脂肪变性(大体标本、切片标本)。

(3)淀粉样变性　淀粉样变(大体标本、切片标本)。

(4)坏死　贫血性梗死(大体标本、切片标本)、干酪样坏死(大体标本)、湿性坏疽(大体标本)、脂肪坏死(大体标本)、血肿机化(大体标本)、横膈胸膜面绒毛形成(大体标本)、肺与胸膜粘连(大体标本)、心包粘连(大体标本)、砂粒肝(大体标本)、细胞坏死(切片标本)。

(5)萎缩　褐色萎缩(大体标本)、胶样萎缩(大体标本)、压迫性萎缩(大体标本、切片标本)。

(6)代偿　肌胃扩张(大体标本)、代偿性肥大(大体标本)。

(7)修复　赘生性肉芽(大体标本、切片标本)、完全再生(大体标本)。

三、主要实验内容

(一)褐色萎缩(牛　肝、肾)

眼观:标本采于全身性萎缩、高度衰竭、患慢性消耗性疾病的牛体,可见肝脏体积缩小,重量减轻,边缘锐薄,表面及切面可见褐色细纹分布,肾脏体积缩小,皮质变薄,色泽稍深。

(二)压迫性萎缩(猪　肾盂,马　肾盂)

眼观:(猪　肾盂积水)因输尿管结石使排尿系统阻塞,故使尿液滞留在肾盏和肾盂内,可见此标本肾盏和肾盂内腔高度扩张,而肾实质则因受压相应萎缩(皮质部显著变薄)。

显微镜下:(马　肾盂积水)①集合管与肾小管管腔扩大。②肾小球体积缩小,肾小囊囊腔扩大。③间质结缔组织增生。④集合管上皮由立方形变为扁平状。⑤有的肾小管上皮萎缩,甚至消失被结缔组织所取代。⑥间质除结缔组织增生外,尚有淋巴细胞浸润。

(三)颗粒变性(猪　肾,马　肝,兔　肾)

颗粒变性(混浊肿胀)是最常见的急性病理过程中的一种病理形态学变化。在急性发热、急性传染病、急性中毒等,实质脏器都可能发生这种病理变化。

眼观:(马　肝)标本为马肝脏混浊肿胀,可见其体积肿大,被膜紧张、边缘钝圆,切面外翻,肝小叶的固有纹理模糊不清,色彩变淡,呈灰黄色或灰白色,似煮过的肉样。

显微镜下:(猪、兔　肾脏)在切片中找到肾脏皮质部,观察到肾小管后换高倍镜检查。

①肾小管上皮细胞肿大,使肾小管的管腔变窄。②肿大的肾小管上皮细胞的胞浆中出现多量红染的微细颗粒。③高度肿胀的上皮细胞可发生破裂,胞浆内颗粒状物流失于管腔内。

(四)肝脂肪变性(猪、骡)

由于肝脏的生理机能与脂肪的中间代谢有密切的关系,所以呈现脂肪变性的机会较多。肝脏脂肪变性程度轻微时,肉眼变化和颗粒变性相仿,但色泽较黄,通常是在肝脏的某些局部表现得比较明显。病变严重时,则整个肝脏或其绝大部分可呈现脂肪变性。

眼观:(骡　肝)标本属于后一种类型,整个肝脏均发生了脂肪变性,体积高度肿大、边缘钝圆,切面外翻,质地变脆弱,呈弥散性灰黄色,因伴发淤血而呈紫红色。淤血部与灰黄色的脂变部互相镶嵌,使切面似槟榔样。

显微镜下:(猪　肝)①观察整个切片,见肝小叶界限尚可分辨。②肝细胞索混乱不清。③在靠近肝小叶边缘的肝细胞内有大小不等的空泡(此即肝细胞脂肪变性,在石蜡切片制作过程中,经酒精、二甲苯处理后脂肪滴被溶解形成空泡)。④肝细胞索之间有多量的红细胞(淤血)。⑤脂肪变性严重的肝细胞胞浆内有空泡,核被挤向一边,有的核已浓缩或溶解消失。

(五)水泡变性(马　肾)

发生水泡变性的实质脏器,其外观似混浊肿胀。

眼观:标本为死于患胸膜肺炎马的肾脏,其体积肿大,被膜紧张,切面外翻,皮质部呈灰白色。

(六)胶样萎缩(羊　心脏)

眼观:在心脏冠状沟、纵沟部分的脂肪完全消失,其位置被水肿液所占据,外观呈胶冻样。

(七)贫血性梗死(牛　肺,羊　肾)

眼观:(牛　肺)牛传染性胸膜肺炎时,在肺脏引起小动脉发炎,导致血栓形成,因而造成肺脏的贫血性梗死。坏死处肺组织呈灰黄色,晦暗无光,但其切面上仍可见到肺小叶及其间质的轮廓。肺小叶实质已与间质分离,形成游离的坏死块,坏死块呈锥体状。

切片:(羊　肾)肉眼观察整个切片,可见组织一侧红染,另一侧蓝染,红染处为梗死灶所在处。

显微镜下:(羊　肾)①梗死灶内肾小管轮廓仍较清楚,但肾小管上皮细胞之间的界限及微细结构不清,胞核大部分消失,仅见一均质红染团块。②梗死灶外围结缔组织增生。

(八)干酪样(豆腐渣样)坏死(牛　肺结核)

干酪样坏死亦属于凝固性坏死,由于坏死组织的形态似干酪或豆腐渣,故称干酪样(豆腐渣样)坏死。

眼观:标本为患结核时牛的肺脏,由于结核病原体的作用,使局部细胞内的蛋白质和脂肪分解成为颗粒状无结构的干酪样坏死物,在此肺的切面上可见大小不等、圆形、呈灰白色或黄色干酪样的坏死物。

(九)湿性坏疽(牛　异物性肺炎)

家畜因吸入或误咽入呼吸道的异物如小块饲料、呕吐物或反刍物,兽医经口不慎投入气管的药物,均可使异物沿支气管进入肺脏,与此同时腐败菌也随同入肺,引起肺部支气管及周围肺组织腐败分解,变成糊状,甚至完全液化,外观呈污灰色、绿色或黑色,柔软、湿润。由于坏疽部分形成大量腐败分解产物如胺类、硫化氢、吲哚等气体,故新鲜标本发出恶臭味。

眼观:标本为牛坏疽性肺炎,可见有隆突于肺表面的结节,其大小不一,从高粱米粒大、黄豆大到枣大,色灰褐。切面见有针头大、米粒大、榛实大、核桃大污灰黄色的病灶。有的病灶由于组织腐败分解变成糊状流失而形成空洞,但尚有污灰的坏死组织。此外,在某些坏死灶周围尚能见到红晕(病灶周围炎)。间质因水肿增宽,呈灰白色。

(十)淀粉样变(牛　肝、脾,猪　脾)

眼观:(牛 脾)淀粉样变的物质沉积在白髓内,因此在切面上脾小体呈灰白色半透明的球形小体或结节,其状宛如煮熟之西米,所以又称“西米脾”。发生淀粉样变的肝脏(牛),体积肿大,质脆易破裂,切面呈淡黄褐色、蜡样。

显微镜下:(猪　脾　)①肉眼观察切片,在紫红色的背景内散在有绿豆大淡红染的球形小体,此即发生淀粉样变性的脾小体。②均质红染的淀粉样物质沉积在白髓的外围,一部分也沉积于红髓中。③淀粉样物质沉积处的脾组织结构消失,有的白髓内中央小动脉管壁也发生了淀粉样变性,红髓中因淀粉样物质沉积致使脾窦受挤压而变窄。

显微镜下:(牛　肝)①肝脏固有结构模糊不清,肝细胞索排列紊乱或消失,大部分肝细胞的位置被均质红染的淀粉样物质所占据。②淀粉样物质沉积在肝细胞与肝窦内皮细胞之间的网状纤维上,肝细胞因受挤压而萎缩或消失,肝窦状隙变窄。

(十一)脂肪坏死(羊　肠系膜)

脂肪组织坏死后,脂肪分解为甘油和脂肪酸,甘油可完全吸收,脂肪酸则以针状结晶的形式留在坏死灶内,有的脂肪酸与钙结合,形成钙皂。

(十二)肌胃扩张(鸡)

该鸡因患十二指肠慢性炎症致肠腔狭窄,因而多量食物在胃滞留,肌胃内腔高度扩张。

(十三)代偿性肥大(猪　肾)

动物体内成对的脏器,当一侧机能发生损害或消失时,另一侧则代偿受损一侧的功能而发生肥大,称代偿性肥大。

眼观:这一标本是猪的肾脏,可见一侧肾脏体积变小,另一侧肾脏代偿其功能,其体积增大。

(十四)血肿机化(骡　肠系膜)

标本为两例从骡肠系膜上采集的病理组织,均为死后发现,直径为 5 cm,球形,由结缔组织包裹,其实质是血液(日久血液有形成分崩解,呈灰白色胶冻状)。

体内出血时,因大量的血液聚在组织内不能完全被机体所吸收,因而由周围新生肉芽组织将其包围,最后形成结缔组织包囊。

(十五)赘生性肉芽(驴　包皮)

损伤组织在修复过程中,肉芽组织过度生长,呈块状突出于表面,称赘生性肉芽。

眼观:标本为驴阴茎包皮部手术切除的赘生性肉芽,其表面颜色红润是因肉芽组织内毛细血管丰富,颗粒状是因血管在肉芽组织表面处相互吻合形成弓状突起,脓汁是肉芽组织表面的多量中性粒细胞形成的。

(十六)完全再生(猪　脾脏)

机体组织损伤后,由结构、功能完全相同的组织再生修复者,称完全再生。

眼观:这一标本是猪的脾脏,生前曾有破裂,在缺损处可见新鲜的脾组织再生修复。

(十七)横膈胸膜面绒毛形成(马 慢性胸膜炎 纤维素性渗出物机化)

马患纤维素性胸膜炎时,浆膜上有纤维蛋白渗出,因横膈不断活动,使纤维蛋白呈灰白色绒毛状,此绒毛状纤维蛋白被结缔组织机化而牢固地附着于浆膜表面。

(十八)肺与胸膜粘连(牛 纤维素性胸膜炎)

当浆膜的脏层与壁层同时发生机化时,可造成浆膜腔的闭塞或粘连。

眼观:此标本为牛患胸膜炎时,因纤维素的渗出,致浆膜两层间肉芽组织增生而造成肺与胸膜粘连。

(十九)心包粘连(羊)

纤维素性心包炎时,大量渗出的纤维素不能完全被机体吸收,则肉芽组织增生而机化,结果造成心包腔的闭塞,心包与心外膜粘连。

(二十)砂粒肝(马)

在马体寄生的圆形线虫的幼虫于体内移行阶段,至肝脏时一部分死亡,这些死亡的幼虫被结缔组织机化并有钙盐沉着,就形成了肉眼可见的砂粒肝。在肝脏的表面及切面上,可见密发的粟粒大至小豆大圆形灰白色硬固的结节,用刀切时似切小石子,有沙沙声。另一标本是马圆形线虫幼虫死亡后被钙化所造成的景象,瓶中似石样的肝仅是马肝脏的一部分,是用钢锯锯断的。

(二十一)细胞坏死(鸡 肝)

眼观:肝组织切片呈弓形,凹陷侧肝组织呈现红色,而凸起侧肝组织呈红紫色。

低倍显微镜下:可见肝组织的轮廓清楚,但凹陷侧肝细胞核全部消失,在凸起侧肝组织也发生不同程度的坏死。

高倍显微镜下:可清楚地看到肝细胞发生坏死变化。①核溶解或核消失:细胞核嗜碱性染色减弱,细胞核明显淡染,核的轮廓隐约可见。严重者细胞核全部消失。②核浓缩:胞核体积缩小,染色质浓缩成深蓝色。③核崩解:胞核崩解成许多深染蓝色的小颗粒。

(二十二)肉芽组织(驴 阴茎)

低倍显微镜下:①在肉芽组织表层可见多量中性粒细胞。②肉芽组织表层和中层可见多量梭形的成纤维细胞,细胞的长轴与表面垂直。③在成纤维细胞间有多量毛细血管及其他的游走细胞。④肉芽组织的下层为接近成熟的结缔组织,其细胞成分减少而胶原纤维增多,其排列方向与表面平行。

高倍显微镜下:①表层的中性粒细胞多崩解、浓缩、坏死。②中层成纤维细胞为椭圆形或梭形,核较大,淡蓝染稍透明。③新生毛细血管多由一层内皮细胞构成。④在血管及成纤维细胞间尚可见单核细胞、淋巴细胞及嗜酸性粒细胞等。⑤底层成纤维细胞体积缩小,呈长梭形,其胞核深染,在细胞之间有排列紧密红染的胶原纤维,而毛细血管及游走细胞均减少。

四、思考题

- 用箭头标出图 2-A 至图 2-H 的主要病理变化,要求含器官或组织名称+部位+病理变化,如:肺脏细支气管黏膜上皮脱落或肺泡腔内中性粒细胞浸润。

- 观察细胞的颗粒变性、脂肪变性切片后，试述它们的病理形态学变化及其发生机理。
- 显微镜观察细胞坏死（鸡肝）后，试述细胞坏死的变化及其显著特征。
- 观察坏疽大体标本，试述各类坏疽的特点与鉴别。
- 坏死组织细胞对机体是有害的，机体采取什么方法清除？
- 通过大体标本观察，试述萎缩的本质及其与发育不良及不发育的区别。

五、鉴别诊断

肝脂肪变性与肝水泡变性

在一般石蜡切片中，水泡变性肝组织形态学与脂肪变性相似，可用以下方法鉴别：

- 用锇酸固定的组织作石蜡切片，脂滴被染成黑色。
- 冰冻切片用组织化学染色，如苏丹Ⅲ、苏丹黑B染色，脂肪滴分别被染成橘红色、黑色。
- 用偏振光显微镜观察，可直接鉴别胆固醇和卵磷脂。

六、示教

（一）肾脏

肾脏（kidney）的外观随家畜种类不同而异，牛肾为表面有沟的多乳头肾，猪肾为表面光滑的多乳头肾，马、羊和狗的为表面光滑的单乳头肾。尽管各种家畜肾的形态不同，但肾的实质都包括皮质和髓质两部分。肾的表面包有被膜，肾的内侧缘凹入称肾门，是血管、神经和输尿管的出入通路。被膜是富含脂肪细胞的结缔组织，被膜的结缔组织在肾门处伸入肾窦，形成肾盂的外膜，并在肾的皮质和髓质内形成间质组织。间质组织由疏松结缔组织组成，内有丰富的毛细血管。肾的实质分内、外两层。外层富血管，色暗红，称为皮质，一部分皮质呈柱状伸入锥形髓质之间，称肾柱（renal column）（示图10）。内层较淡，称为髓质，由10～18个锥体构成，锥体的底部向皮质发射出髓放线（medullary ray），将皮质分隔成若干皮质迷路（cortical labyrinth）。肾脏的实质含大量的泌尿小管（uriniferous tubules），泌尿小管由肾小管和集合管构成（示图11）。输尿管顶部膨大分支形成肾大盏（major calyces），进一步分支形成肾小盏（minor calyces）。

1. 肾单位

肾单位（nephron）是肾脏的基本结构和功能单位，包括肾小体和肾小管。

（1）肾小体（renal corpuscle） 肾小体是滤过血液形成原尿的地方，由肾小球和肾小囊组成。每个肾小体的一侧都有血管极（vascular pole），是肾小球血管出入处，在血管极的对侧是尿极（urinary pole）。血管极有较粗的入球小动脉和较细的出球小动脉。尿极是肾小囊延接近曲小管处（示图12）。

肾小球（renal glomerulus）：由一团分支吻合的毛细血管网组成，周围有肾小囊包裹，为一过滤装置，其间有血管系膜（mesangium，球内系膜/intraglomerular mesangium）相连。

肾小囊（glomerulus capsule）：壁层（parietal layer）为单层扁平上皮，脏层（visceral layer）由足细胞（podocyte）构成，足细胞有初级突起（primary process），其运动可以调节突起间隙的大小。两层之间的狭窄腔隙为肾小囊腔。滤过膜（filtration membrane，血尿屏障/filtration barrier）厚0.1 μm，由血管内皮细胞、融合的基膜和足细胞裂孔膜构成。滤过膜可以通过相对分子质量小于 70 000 的物质。肾小囊腔(renal capsule, 鲍曼囊/Bowman's space),含原尿(preurine),原尿来源于滤过的血液,富含营养。

(2)肾小管(renal tubule) 近曲小管(proximal convoluted tubule)是原尿重吸收的重要部位,由嗜酸性单层立方上皮(细胞界限不清楚)构成,微绒毛(刷状缘)发达。远曲小管(distal convoluted tubule)由弱嗜酸性单层立方上皮构成,与近曲小管相比,管腔大,管壁薄,是离子交换(Na^+、K^+、H^+、NH_4^+)的重要场所。集合管由单层立方上皮构成,细胞界限清晰,细胞质染色淡,可重吸水分和钠。

2. 肾小球旁复合体

肾小球旁复合体是指位于肾小体血管极附近的一些结构的总称,包括肾小球旁细胞、致密斑和间膜细胞。

(1)肾小球旁细胞(juxtaglomerular cell) 在入球小动脉进入肾小囊处,动脉管壁中膜的平滑肌细胞变肥大,胞核呈球形,胞质内含有许多分泌颗粒及少量微丝,这种变化的平滑肌细胞叫肾小球旁细胞。

(2)致密斑(macula densa) 来源于远曲小管靠近血管极一侧的细胞,细胞呈柱状,核位于顶部,与周围的细胞间有突起镶嵌,该处基膜不完整。致密斑对尿液中离子浓度敏感,当Na^+浓度过低时,能刺激球旁细胞释放肾素,促进远端小管保Na^+排K^+。

(3)间膜细胞(mesangial cell) 也称为极垫细胞(polar cushion cell),位于肾小体血管极的三角区内,与肾小球旁复合体的其他成分相密接,细胞内含有一些颗粒。

3. 排尿部

排尿部包括集合管(单层立方上皮细胞,细胞界限清楚)和乳头管(单层高柱状上皮过渡为复层柱状,靠近肾乳头的开口处转为变异上皮)。

(二)脾脏

脾脏(spleen)由被膜、小梁和脾髓构成。脾脏被膜富含弹性纤维和平滑肌,被膜的结缔组织分出许多小梁,深入脾脏内部,形成丝瓜络状支架,当被膜和小梁收缩时,脾脏体积缩小,脾内血液被排出(示图 13)。

脾脏的实质为脾髓,包括白髓和红髓。红髓由脾索和脾窦组成。脾索是彼此吻合成网状的淋巴组织索,含有网状细胞、B 细胞、巨噬细胞、浆细胞、红细胞和单核细胞等。脾窦分布在脾索之间,窦壁有长杆状的内皮细胞,称为里细胞(littoral cell),有吞噬能力。白髓的横断面中有 1~2 条小动脉穿过,习惯上称中央动脉(central artery)。白髓穿插在红髓之间,由淋巴组织环绕动脉而成,局部膨大成结节状,为淋巴小结(T 细胞),淋巴小结中央为生发中心(B 细胞),环绕小动脉的淋巴组织为小动脉周围淋巴组织鞘(lymphatic periarterial sheath),富含 T 细胞。

实验三　炎　　症

一、实验目的和要求

了解炎症(inflammation)的本质，掌握各型炎症的形态学特征。

二、实验材料

(1)浆液性炎　皮肤浆液性炎(大体标本)、浆液性出血性肺炎(切片标本)。

(2)卡他性炎　急性卡他性胃炎(大体标本)、急性卡他性肠炎(大体标本)。

(3)纤维素性炎　纤维素性肺炎(大体标本)、纤维素性胸膜炎(大体标本、切片标本)、浮膜性肠炎(大体标本)、局灶性固膜性肠炎(大体标本)。

(4)化脓性炎　化脓性肺炎(大体标本)、慢性化脓性脾炎(大体标本)、创伤性脾炎(大体标本)、转移性脓肿(大体标本)、肾脓肿(大体标本、切片标本)、创伤性心包炎(大体标本)、创伤性网胃炎(大体标本)。

(5)出血性炎　出血性肺炎(大体标本)、出血性淋巴结炎(大体标本)。

(6)慢性炎症　慢性化脓性脾炎(大体标本)、慢性肾小球性肾炎(大体标本、切片标本)。

(7)其他　间质性肾炎(大体标本)、坏疽性肺炎(大体标本)。

三、主要实验内容

(一)皮肤浆液性炎(鸡　鸡痘)

皮肤发生浆液性炎症时，浆液性渗出物常积聚在表皮和真皮之间而形成水疱。鸡痘为嗜上皮性痘病毒引起的传染病，可见标本肉冠、肉垂、耳、嘴角、眼睑、鼻孔周围的皮肤上，均有粟粒大至小豆大的疱疹。

(二)急性卡他性胃炎(猪)

胃卡他最明显的部位是胃底部，在此标本的胃黏膜上附有多量黄白色黏稠的黏液，黏膜肿胀、潮红(福尔马林固定后潮红多不显著)，有的还可看到出血点，形成这些变化的原因是黏膜分泌亢进，炎性细胞浸润，充血。

(三)急性卡他性肠炎(马)

标本为马的直肠，可见肠黏膜表面附有多量黄白色黏稠、混有脱落上皮的黏液，黏膜充血肿胀。

(四)纤维素性肺炎(马　巴氏杆菌病)

家畜的纤维素性肺炎，主要继发于某些传染病，也可以独立发生。发生纤维素性肺炎的传染病有：巴氏杆菌病(牛、猪、兔)、牛传染性胸膜肺炎、马传染性胸膜肺炎等。纤维素性肺炎是以肺泡内纤维素渗出为特征的炎症,因肺泡内被纤维素渗出物所充满,肺质度变硬,如肝样,故称为肝变。在发炎的肺小叶内呈现明显的阶段性变化,即充血期、红色肝变期(肺泡内有大量纤维素和红细胞)、灰色肝变期(红细胞溶解,肺泡内除纤维素外,中性粒细胞大量增多)、消散期(炎性渗出物自溶吸收,肺泡壁上皮细胞再生)。家畜纤维素性肺炎只见小区域的肺泡内有纤维素性渗出物,极少见到人类那种肺炎双球菌引起的均等大叶甚至一侧或全肺的大叶性肺炎。当它变成大叶性肺炎时,多数是不同病灶融合而成。

眼观:此标本为牛患巴氏杆菌病急性死亡后所采的肺脏,此肺为膈叶的断面,处于纤维素性肺炎的充血期及红色肝变期,肺质度似肝样,切面上见有些小叶干燥,有极细小似针尖的颗粒突出,间质因炎性物质渗出及淋巴循环障碍而变宽。在肺脏表面附有一层灰白色凝卵样物质,此即胸膜炎时的纤维素性渗出物,当纤维素性渗出量多而不能完全被机体吸收时,肉芽组织则增生机化使胸膜增厚,因胸腔内被大量纤维素渗出物所充盈,致肺脏受其压迫而萎缩。

低倍显微镜下:①在肺脏的最表面(即肺脏的外面)可见一层网状红染的纤维素,其中混有多量细胞成分。在表层纤维素膜的下方,原肺胸膜外侧,为新生的肉芽组织(肺胸膜外渗出的纤维素被机化的部分)。②在上述新生肉芽组织的下方(肺胸膜的内侧)的一部分实质已经消失并为肉芽组织所取代(浆膜纤维素炎时,渗出的纤维素并不只限于浆膜表面,有时候纤维素能形成于间皮下的组织内,并沿着组织间隙沉着,同时与表面的纤维素联系在一起。此即是本标本所呈现肺胸膜内外机化的原因)。③肺泡壁毛细血管扩张、肺泡腔多萎缩,有的细胞间隙破裂呈囊状扩张,支气管亦高度扩张呈囊状(代偿性肺气肿)。

高倍显微镜下:①在肺脏最表层渗出的纤维素网眼内,混有多量的中性粒细胞及崩解脱落的间皮细胞。②在表层纤维素膜的下方为多量纤维细胞、毛细血管、单核细胞及淋巴细胞等组成的肉芽组织。③原肺胸膜间皮组织已崩解,仅有一薄层出现水肿的结缔组织。④肺胸膜内肉芽组织层较厚,已形成的胶原纤维间隙疏松,除上述游走细胞外,还可见浆细胞。⑤肺泡腔内的尘细胞胞浆内,可见被吞噬的黄褐色的含铁血黄素颗粒,此即"心力衰竭细胞"。

(五)浮膜性肠炎(牛　恶性卡他热)

肠道的纤维素性炎,由于病变程度不同,分为浮膜性与固膜性两种。浮膜性肠炎,在纤维素性渗出的同时仅黏膜表层受损,故渗出的纤维素易脱落。标本为牛恶性卡他热时大肠的浮膜性炎症,可见在肠壁黏膜上有颜色较黑、剥落的一层,此即渗出的纤维素与黏膜表层坏死组织的混合物。

(六)局灶性固膜性肠炎(猪　猪瘟)

肠道发生固膜性炎症时,组织坏死的程度较严重,可波及深部组织,坏死组织与纤维素性渗出物紧密凝结,不易脱落,如人为剥离则出现明显溃疡。在慢性猪瘟病例,肠道常出现局灶性固膜性炎症。肠道内这种病变主要位于盲肠、结肠及回肠末端。

局灶性固膜性炎,一般是在集合淋巴滤泡、孤立淋巴滤泡肿胀以及出血灶的基础上,先出现中心坏死,以后炎症向周围逐渐扩大,渗出的纤维素与坏死组织互相融合,构成干固、同心圆、轮层状的坏死痂,这种圆形污褐色、高出周围黏膜表面的坏死灶即局灶性肠炎的部位,其体积大小不等,形似衣扣,故称"扣状溃疡"。

(七)化脓性肺炎(羊)

化脓性肺炎,可继发于各型肺炎,或由机体内其他部位化脓灶转移而来。此肺切面可见大小不等的化脓灶，化脓灶部肺组织消失，为黄白色浓稠的脓汁所充盈，在化脓灶外周有结缔组织增生形成包膜。

(八)慢性化脓性脾炎(牛)

脾脏的切面上，脾脏的固有组织(红髓、白髓)萎缩，甚至消失，大部分为黄白色干固的脓汁充填，在化脓灶的外周有较厚的结缔组织包膜。

(九)转移性脓肿(牛　肠系膜)

局部组织的化脓性炎，由于组织坏死液化，形成充满脓汁的囊腔，称为脓肿。此标本为患脓毒败血症死亡的牛的肠系膜，可见该肠系膜上有数十个大小不等的转移性脓肿。由于脓汁不能完全被机体吸收，故在脓肿外周形成结缔组织包膜。

(十)肾脓肿(猪、兔)

肾脓肿多由葡萄球菌感染所致，为全身脓毒败血症的一部分，通常在身体其他部位有感染灶，细菌经血行感染肾脏，脓肿常多发但亦有单发者。

眼观：(猪)肾脏体积高度肿大，被膜容易剥离，剥离后见肾表面散在有高粱米大至豆大的黄白色化脓灶，稍隆起，周边因充血和出血有红晕，切面见脓肿灶亦呈球形。

低倍显微镜下：(猪、兔)①脓肿灶中央局部组织完全坏死，呈一片均质红染。②脓肿灶外周，肾脏固有结构的轮廓尚可见。

高倍显微镜下：(猪、兔)①脓肿灶外周肾小球高度肿胀。②肾小球毛细血管间有中性粒细胞浸润，肾小球囊内有渗出物蓄积。③脓肿灶外围间质内血管扩张充血，间质内有多量白细胞浸润。

(十一)出血性肺炎(猪　猪瘟)

急性猪瘟时，特别是合并巴氏杆菌病时，肺的出血性炎症是比较多见的。此标本的切面上可见有些肺小叶的实质及间质中均充满出血性的炎性渗出物。

(十二)出血性淋巴结炎(猪　猪瘟)

出血性炎症是以渗出物中含大量红细胞为特征的炎症，它可与浆液性炎、纤维素性炎、化脓性炎合并发生。猪患猪瘟时常出现全身性出血性淋巴结炎。此标本为肠系膜淋巴结，可见其体积肿大，质度变硬，切面上呈红白相间的大理石样(红色处为淋巴窦，内含大量红细胞的炎性渗出液；白色处为淋巴小结及髓索)。出血严重者，则整个淋巴结切面呈红色。

(十三)间质性肾炎(牛)

间质性肾炎常见于家畜，一般没有临床症状，只是在屠宰或其他原因死亡剖检时发现。局灶性肾炎多见于牛，称为“白斑肾”。标本为牛的局灶性间质性肾炎，可见在肾脏的皮质有许多拇指大、灰白色、质度硬固、结节状突出于肾脏表面的病灶，此即局灶性间质性肾炎的部位，显微镜下见此处有炎性细胞浸润及结缔组织增生。

(十四)慢性肾小球性肾炎(骡、人)

眼观：(骡)标本采自一匹老骡，可见该肾体积较小，表面凸凹不平，色泽灰白，肾包膜与表面的肾组织发生粘连，故不容易剥落，皮质显著变薄，髓质部无明显变化。

显微镜下：(人)①观察整个切片见肾实质(肾小球、肾小管)减少，而间质结缔组织增生。②在皮质部，有的在一个视野内可见整个紧密集合在一起的均质红染的圆形病灶，此即发炎失去机能的肾小球(肾小球玻璃样变)。③有些慢性发炎的肾小球因结缔组织增生而呈现同心圆结构。④已失去机能的肾小球所从属的肾小管因废用而萎缩,甚至消失(废用性萎缩)。⑤在皮质部仍可看到一些结构接近正常的肾小球,其体积显著增大(代偿性肥大)。用高倍镜仔细观察上述各项变化。

(十五)创伤性心包炎(牛)

创伤性心包炎主要见于牛,由于牛采食时尖锐物体(如铁钉、铁丝等)带入胃内,而牛的心包与网胃是紧紧相对的位于横膈膜前后方,当网胃收缩时,尖锐的异物就可穿透网胃、横膈而进入心包腔,存在于胃内的微生物也可以随之进入,从而引起坏疽性炎症过程。

(十六)创伤性网胃炎(牛)

与创伤性心包炎标本源自同一患牛尸体,在此网胃的黏膜皱褶中有钉及多量铁砂,这些进入的异物在网胃收缩时即可造成刺伤而引起网胃发炎。此标本固定液因多量铁锈侵入故呈黄褐色,剖检时可见其外壁与横膈粘连并形成瘘管。

(十七)创伤性脾炎(骡)

标本为骡耙地时蹶踢使耙齿翻转,左侧腹壁为耙齿所穿透,因而伤及脾脏,造成腐败菌感染,引起脾脏的坏疽性炎症,最后导致创伤性败血症致死。可见脾脏肿大,断面呈污黑色,因腐败产气,使脾实质内出现很多孔隙,类似海绵状。

(十八)坏疽性肺炎(牛)

由于误咽,首先引起支气管肺炎,继之腐败菌感染,使发炎组织腐败分解形成坏疽性肺炎。标本见肺脏体积肿大、硬实,切面上多数呈灰白色边缘不整的病灶。有的病灶组织腐败溶解而形成空洞。由于组织蛋白腐败分解,故患坏疽性肺炎的病畜,生前呼出气有恶臭味,剖检时恶臭味更甚。

(十九)浆液性出血性肺炎(牛)

显微镜下:①肺组织病变沿支气管呈灶状分布,病灶内支气管黏膜上皮脱落,管腔内充满多量均质红染的浆液,有的充满大量的红细胞,其间混有少量的炎性细胞。②支气管壁毛细血管扩张充血,并有浆液渗出,导致支气管壁水肿,其间有数量不等的白细胞游走。③支气管周围的肺泡腔内充满大量炎性渗出物。有的肺泡腔内充满均质红染的浆液,有的则充满大量的红细胞。其中混合数量不等的纤维素、中性粒细胞和脱落的肺泡上皮。④病灶内的肺泡壁毛细血管多扩张充血;在出血严重的部位,肺泡壁的结构已难于辨认。⑤病灶外周的肺泡呈代偿性扩张,严重者肺泡壁破裂呈囊状(代偿性肺气肿)。

四、思考题

- 用箭头标出图 3-A 至图 3-H 的主要病理变化,要求含器官或组织名称+部位+病理变化,如:肺脏细支气管黏膜上皮脱落或肺泡腔内中性粒细胞浸润。
- 急性炎症时有哪些细胞渗出?各有什么特征和功能?
- 渗出性炎症有哪几类?各有什么特点?
- 试述炎症的局部症状和全身反应。

五、示教

(一)各型炎性细胞(示图 14)

(1)中性粒细胞(neutrophilic granulocyte)　直径 8～15 μm,核有肾形、杆形、分叶形,核多分为 2～5 叶,越老分叶越多,胞浆红染,占白细胞总数的 60%～70%。中性粒细胞是炎症反应中最活跃的一种细胞,运动和吞噬能力很强,死亡后形成脓细胞。

(2)嗜酸性粒细胞(eosinophil)　直径 12～15 μm,细胞质内有大量强嗜酸性颗粒,含溶酶体酶、过氧化物酶和组胺酶,占白细胞总数的 1%～3%。

(3)嗜碱性粒细胞(basophilic granulocyte):直径 10 μm,胞浆着色浅,内含嗜碱性颗粒,核分叶常呈 S 形或 T 形,占家畜血细胞的 0.5%～1%,约占鸡血细胞的 4%。一般认为,血液中的嗜碱性粒细胞进入组织中转为肥大细胞。

(4)单核细胞(monocyte)　占白细胞总数的 3%～8%,直径 12～20 μm,卵圆形,细胞核呈马蹄形或肾形,细胞质嗜碱性,细小的嗜天青颗粒含过氧化物酶。血中单核细胞进入结缔组织或其他器官后转变为组织巨噬细胞。

(5)巨噬细胞(macrophage)　体积较大,直径 25 μm 左右,呈多形性,常有伪足样突起,有很强的运动和吞噬能力。

(6)淋巴细胞(lymphocyte)　直径 5～7 μm,核圆而大、染色深,胞浆少,占白细胞的 20%～30%。淋巴细胞运动能力弱,没有吞噬作用。

(7)浆细胞(plasma cell)　细胞圆形,细胞质嗜碱性强,细胞核偏于一侧,染色质车轮状排列。

(二)胸膜

在肺的外表面和胸廓的内表面都被覆一层胸膜,前者称肺胸膜(脏层),后者称肋胸膜(壁层),它们的表面都有一层扁平细胞构成的间皮,间皮表面光滑湿润,可以减少肺在张缩时与胸腔的摩擦。

实验四　肿　　瘤

一、实验目的和要求

掌握畜禽常见的上皮性肿瘤(tumour)、间叶性肿瘤及其他肿瘤的形态特征;掌握良性肿瘤与恶性肿瘤的区别要点。

二、实验材料

(1)良性肿瘤　乳头状瘤(大体标本、切片标本)、纤维瘤(大体标本、切片标本)、畸胎瘤(大体标本、切片标本)、黑色素瘤(大体标本)。

(2)恶性肿瘤　鳞状上皮癌(大体标本、切片标本)、横纹肌肉瘤(切片标本)、纤维肉瘤(大体标本)、淋巴白血病(大体标本)、绵羊肺腺瘤(大体标本)。

三、主要实验内容

(一)良性肿瘤

1.乳头状瘤(牛　皮肤)

乳头状瘤是由被覆上皮发生而来的良性肿瘤。

眼观:标本来自一头牛的体表皮肤,可见其外形似乳头或菜花样,因复层扁平上皮不断角质化,故质度较硬。

显微镜下:瘤组织呈乳头状生长。乳头的表面为增生的瘤细胞,瘤细胞分化程度较高,其形态与正常鳞状细胞相似,乳头的中心为纤维组织和血管。

2.畸胎瘤(驴　肠道)

眼观:瘤体取自回肠肠腔内,瘤体以蒂与肠壁相连,表面呈灰白色。瘤体长有稀疏的被毛,切面呈灰白色,有小软骨片。

显微镜下:肿瘤组织中可见皮肤、毛囊、腺体、脂肪、肌肉等成分。

3.黑色素瘤(马　皮肤)

黑色素瘤是由能产生黑色素的细胞所形成的肿瘤,家畜中马、骡多发生,尤以浅色的老马多见,其发生部位在马尾侧面的皮肤,通常呈小结状,生长缓慢,但有时突然恶化,迅速生长转移而遍及全身。

4.纤维瘤(骡　胸膜部)

眼观:标本为手术切除的多发性纤维瘤,总重 9 kg,生长在骡胸部皮下,大小不等,切面可见有的已发生黏液变性。

显微镜下:①观察整个切片,见纤维瘤组织类似结缔组织的结构。②与正常结缔组织比较,纤维瘤的纤维细胞排列紊乱,胶原纤维束粗细不均。③在瘤组织表面,因坏死感染,可见有许多游走细胞集聚。④纤维瘤细胞与正常的成纤维细胞或纤维细胞相似，多呈梭形、椭圆形或长方形。⑤瘤细胞之间红染的胶原纤维粗细不等，着色也不均匀，排列方向较不规则。

(二)恶性肿瘤

1. 绵羊肺腺瘤(羊 肺脏)

眼观：肺脏的切面上可见粟粒大灰白色病灶，此即肺泡的腺瘤性病灶。切面上肺叶下部全为灰白色病灶，是肺泡性腺瘤病灶密集融合而成。

2. 纤维肉瘤(骡 肺)

纤维肉瘤是由结缔组织发生来的恶性肿瘤。此标本为骡的肺脏，可见在肺脏的表面及切面上多处有圆形、卵黄大、灰白色的纤维肉瘤转移灶。

3. 鸡白血病(鸡 肝、脾、肾脏、卵巢、心)

按照病理形态学特点，把白血病分为四型，即淋巴细胞性白血病、成红细胞性白血病、成髓细胞性白血病和骨髓细胞白血病，其中以淋巴细胞性白血病发生最为普遍和重要。大体标本为鸡的肝、脾、肾脏、卵巢及心。

眼观：肝脏比正常鸡大数倍，颜色灰白，此即淋巴母细胞在肝组织内弥漫增生的结果，脾脏体积稍增大，心脏变化不明显。肾脏亦因淋巴母细胞高度增生致体积肿大数倍，卵巢萎缩呈小结状。

4. 鳞状上皮癌(牛 皮肤)

鳞状上皮癌是家畜肿瘤最多见的一种，它是由复层扁平上皮发生的恶性肿瘤。

眼观：标本为牛角基部皮肤的鳞状上皮癌，外观呈灰白色，质度坚硬，表层坏死、出血，切面上多数有粟粒大的癌珠。

显微镜下：癌组织表层细胞坏死，有大量中性粒细胞浸润，癌细胞向深部呈浸润性生长，在皮下结缔组织中形成癌细胞集团，称为“癌巢”，构成鳞状上皮癌的实质，癌巢大小不等。癌巢中的细胞仍按复层鳞状上皮的层次排列。其外围是生长层，逐渐向中心生长。在有些癌巢的中央部分见到的均质红染轮层状小体，即是癌细胞角质化后形成的，此轮层状角质化小体称为“癌珠”。癌巢之间的结缔组织和血管是癌的间质部分。高倍镜检或油镜检观察癌巢内的癌细胞，其形态不整，大小不一，胞核与胞浆比例不正常，胞核大，核仁明显，并可见到细胞分裂现象。

5. 横纹肌肉瘤(牛)

显微镜下：癌细胞分化程度低，排列不规则，细胞呈明显的多形性，有圆形、椭圆形、梭形、蝌蚪形、带状等。瘤细胞胞浆丰富，呈嗜酸性染色，细胞核大，核位于中央或两端，易见核分裂象及多核瘤巨细胞。

四、思考题

- 用箭头标出图 4-A 至图 4-J 的主要病理变化。
- 简述鳞状上皮癌的形态结构。
- 简述良性肿瘤和恶性肿瘤的区别。
- 简述乳头状瘤的形态结构。

五、示教

表皮位于皮肤、口腔、食道、齿状线后的直肠的最表层，由角化的复层扁平上皮构成。表皮在鼻镜、乳头、手掌等无毛的厚皮肤，从深层到表层可分为五层，即基底层、棘细胞层、颗粒层、透明层和角质层；有毛的皮肤、口腔、食道、齿状线后的直肠无透明层（示图 15），颗粒层薄或不连续，角质层也薄。表皮内没有血管和淋巴管，但有丰富的神经末梢，其营养来自于真皮。

（1）基底层　位于表皮最深层，由一层低柱状细胞组成，核椭圆形，染色深，胞质较少，含有较多的核蛋白体，故染色呈嗜碱性，张力原纤维散在于胞质内，细胞基底部微细的短突伸入基膜内，加强表皮的附着力，并有吸附真皮营养的作用。

（2）棘细胞层　由数层大的多角形细胞组成，核圆形或椭圆形，位于细胞中央。靠近颗粒层的细胞逐渐变成扁平形。

（3）颗粒层　在无毛的厚皮肤中明显易见（如手掌），位于棘细胞层的浅部，由 1～5 层梭形细胞构成，细胞界限不清，胞核渐趋退化消失，胞质内含有许多大小、形态不一的透明角质颗粒，颗粒的数量向表层逐渐增加。

（4）透明层　位于颗粒层的浅面，由 2～3 层无核的扁平细胞组成。胞质中含有嗜酸性透明角质，它由颗粒层细胞的透明角质颗粒变性而成。

（5）角质层　位于表皮最表层，由多层角化的扁平细胞构成，胞质内充满角蛋白，染色呈嗜酸性，角质细胞的胞膜增厚，细胞互相嵌合，其表层细胞连接松散。表层细胞死亡后，脱落形成皮屑。

实验五　心脏及造血系统病理

一、实验目的和要求

掌握并辨别各型心包炎、心内膜炎、心肌炎、淋巴结炎和脾炎的病理特征及对机体的影响。

二、实验材料

(1)心包炎　创伤性心包炎(大体标本)、绒毛心(大体标本)、心包粘连(大体标本)。

(2)心内膜炎　疣性心内膜炎(大体标本)。

(3)心肌炎　间质性心肌炎(切片标本)。

(4)淋巴结炎　淋巴结炎(大体标本)、出血性淋巴结炎(大体标本)、急性淋巴结炎(切片标本)。

(5)脾炎　急性脾炎(大体标本、切片标本)、增生性脾炎(大体标本)、慢性脾炎(大体标本)。

三、主要实验内容

(一)创伤性心包炎(牛)

创伤性心包炎主要见于牛,由于草料不洁,牛采食时尖锐物体(如铁钉、铁丝等)带入胃内,而牛的心包与网胃是紧紧相对的位于横膈膜前后方,当网胃收缩时,尖锐的异物就可穿透网胃、横膈膜进入心腔,存在于胃内的微生物也可以随之进入,从而引起坏疽性炎症过程。

(二)绒毛心(猪　纤维素性心外膜炎)

纤维素性心外膜炎时,附着于心外膜上的纤维素性渗出物由于心脏跳动而呈绒毛状。

(三)心包粘连(羊)

纤维素心包炎时,大量渗出的纤维素不能完全被机体吸收,则由肉芽组织增生机化,结果造成心包腔的闭塞,心包与心外膜粘连。

(四)疣性心内膜炎(慢性猪丹毒)

眼观:可见标本左心二尖瓣处的心内膜在坏死的基础上形成的血栓被肉芽组织机化。

(五)心脏室中隔基部缺损(猪)

此猪心脏采自郑州肉联厂,为屠宰后发现,可见左右心室间有一直径约 2 cm 的空隙相通,此乃胚胎发育过程中出现的畸形。心脏室中隔缺损,往往会引起血液的分流,因为左心室的压力高于右心室,故血液分流方向是由左到右,由于右心室同时接受右心房及左心室的血液,造成右心室的扩张与肥大,继而肺循环血流量增加,致左心房及左心室也扩张肥大。此心脏外观与同龄猪的心脏相比要大得多，心脏扩张，心肌肥厚。

(六)淋巴结炎(羊　肺门淋巴结)

该淋巴结体积高度肿大，切面失去淋巴结固有的纹理，完全为黄色脓液所填充。

(七)出血性淋巴结炎(猪　猪瘟)

出血性炎症是以渗出物中含大量红细胞为特征的炎症，它可与浆液性炎、纤维素性炎、化脓性炎合并发生，猪患猪瘟时常出现全身性出血性淋巴结炎。此标本为肠系膜淋巴结，可见其体积肿大，质度变硬，切面上呈红白相间的大理石样(红色处为淋巴窦，内有大量含红细胞的炎性渗出液；白色处为淋巴小结及髓索)，出血严重者，则整个淋巴结切面呈红色。

(八)急性淋巴结炎(猪　猪瘟)

显微镜下：①结缔组织小梁内毛细血管高度扩张，管腔内充盈多量红细胞。②皮质及髓质淋巴窦内，亦出现多量红细胞。③毛细血管内皮细胞肿大，淡染。④淋巴窦内除红细胞外，尚可见一些浆液纤维素性渗出液及少量中性粒细胞。

(九)急性脾炎(羊、猪)

眼观：(羊)此脾脏体积高度肿大，色暗红，切面富含红髓组织，白髓结构不清。

低倍显微镜下：(猪　急性猪丹毒)①大量红细胞充盈于红髓内，在白髓的淋巴细胞之间也有散在或多量聚集的红细胞分布。②白髓体积小，淋巴组织减少。

高倍显微镜下：①红髓内除多量红细胞外，尚可见到增生的网状细胞、淋巴细胞、浆细胞及渗出的浆液、纤维素等。②白髓内出血严重，部分的网状细胞及淋巴细胞呈现核破裂和崩解现象。③脾小梁中的胶原纤维、弹性纤维、平滑肌组织均肿胀，排列松散。④白髓内中央动脉、红髓内静脉窦以及小梁内的血管内皮细胞及平滑肌细胞亦变性肿胀。

(十)增生性脾炎(马　慢性马传染性贫血病)

慢性马传染性贫血病是马传染性贫血病毒引起的马属动物的一种传染病，当患畜处于亚急性及慢性经过时，脾脏常因网状内皮细胞的增生而肿大。切面上可见脾小体增生，呈灰白色高粱米大的颗粒状，剖检时可见此颗粒物突出于切面表面。

(十一)慢性脾炎(猪)

脾体积略增大，被膜下及切面上均见颗粒样增生突出的脾小体。

(十二)间质性心肌炎(马)

显微镜下：心肌纤维间距增宽，有水肿液和炎性细胞浸润，血管充血，心肌纤维凌乱、断裂或消失；间质内单核细胞和淋巴细胞浸润；血管内皮细胞肿胀，同时可见毛细血管的再生和幼稚成纤维细胞的增生。

四、思考题

- 用箭头标出图 5-A 至图 5-H 的主要病理变化。
- 描述急性淋巴结炎的眼观和镜检特点。
- 疣状赘生物的实质是什么？是怎样形成的？

五、鉴别诊断

慢性脾炎与西米脾

慢性脾炎早期为增生性脾炎，脾体积略增大，被膜下及切面上可见颗粒增生突出的脾小体，呈灰白色高粱米大的颗粒状；慢性脾炎后期为萎缩性脾炎，脾体积缩小，质地变硬，被膜增厚，小梁明显，呈不规则条纹状。

西米脾为脾发生淀粉样变，淀粉样变的物质沉积在白髓内，在切面上脾小体呈灰白色半透明的球形小体，不突起，其状宛如煮熟之西米，故称“西米脾”。

六、示教

(一)肌组织(muscular tissue)(示图 16)

(1)骨骼肌(skeletal muscle)　分布于体壁及四肢，受脑、脊神经支配。骨骼肌细胞又称骨骼肌纤维，因有横纹，也称横纹肌。骨骼肌纤维收缩迅速，有力，随意。骨骼肌细胞呈长圆柱状，直径 10～100 μm，长 1～40 mm，由肌纤维膜、细胞核、肌原纤维和肌浆组成。①肌纤维膜是一层薄而透明的弹性膜，厚约 1 μm，一般染色看不见肌纤维膜。②肌细胞核呈椭圆形，位于肌纤维的边缘，核仁明显，多核，每条肌纤维内胞核的数目可达数百个。③肌原纤维呈细丝状，有明暗相间的横纹(cross striations)，横纹由明带(I band)和暗带(A band)构成。④肌浆填充于肌原纤维和核的周围，含有发达的线粒体，习惯上把肌纤维内的线粒体称肌粒。

(2)心肌(cardiac muscle)　构成心壁的肌层，在植物性神经支配下进行收缩，将血液输送到全身。心肌纤维收缩有力，有节奏，不随意。心肌纤维直径 15 μm，长 85～100 μm。心肌纤维不单独存在，每条肌纤维的首尾两端都和相邻的肌纤维互相嵌合，形成肌纤维网，纤维之间有闰盘(intercalated disc)连接。心肌细胞核呈圆形或卵圆形，一般有 1～2 个细胞核，位于细胞中央。

(3)平滑肌(smooth muscle)　由平滑肌细胞组成，受植物神经支配，常成群、分层存在于血管壁或其他有腔器官的壁内，收缩缓慢而持久。平滑肌细胞呈长梭形，中央粗，直径 6 μm，两端尖细，长 200～500 μm。细胞核细长，位于细胞中央，细胞收缩时，核扭曲成螺旋状。

(二)淋巴结(lymph node)(示图 17)

淋巴结分布在淋巴循环的通路上，具有输入淋巴管和输出淋巴管。淋巴结的大小不等，形状不一，通常呈豆状，其凹陷处称为门部(hilum)，是血管、神经和输出淋巴管通过的地方，输入淋巴管分别从淋巴结表面不同的地方进入淋巴结。淋巴结的组织结构包括被膜(capsule)、小梁(trabecula)、皮质(cortex)和髓质(medulla)。

被膜覆盖在淋巴结的表面，由比较致密的结缔组织构成，其中主要为胶原纤维和网状纤维，还有少量的弹性纤维和平滑肌。结缔组织深入淋巴结内部形成许多小梁，小梁再行分支，彼此联络成网状，从而构成了淋巴结的支架，进入淋巴结的血管和神经沿着小梁分布。淋巴结的实质可分为皮质和髓质，但无明显的界限。

皮质分布在淋巴结的外周部分，由淋巴小结、副皮质区(paracortical area)和皮质淋巴窦(cortical sinus)构成。淋巴小结呈圆形或椭圆形，有些淋巴小结中央区域的细胞有分裂象，能产生新的淋巴细胞，称为生发中心(germinal center)，因含较多的大、中淋巴细胞，染色较淡，而淋巴小结的外围主要是小淋巴细胞，故染色较深。当淋巴结受到感染时，生发中心扩大，并出现大量的巨噬细胞，又称反应中心(reaction center)。副皮质区是指分布在淋巴小结之间和靠近髓质的弥散淋巴组织，含毛细血管后微静脉(postcapillary venule)。皮质淋巴窦是指被膜下方和小梁与淋巴小结之间的腔隙，这些腔隙彼此沟通、形状不规则，是淋巴流通的地方。

髓质位于淋巴结的中央部分，由髓索(medullary cord)和髓质淋巴窦(medullary sinus)组成。髓索是排列成索状的淋巴组织，彼此吻合成网状，并与副皮质区相连。髓质淋巴窦穿行于髓索与小梁之间，接受来自皮质淋巴窦的淋巴，并将其汇入输出淋巴管。

实验六　呼吸系统病理

一、实验目的和要求

掌握并辨别各型支气管炎、肺炎、肺气肿的形态特征及其对机体的影响。

二、实验材料

(1)支气管炎　支气管肺炎(大体标本)、融合性支气管肺炎(大体标本)。

(2)肺炎　纤维素性肺炎(大体标本)、卡他性肺炎(切片标本)。

(3)肺气肿　间质性肺气肿(大体标本)、急性肺泡性肺气肿(大体标本)。

三、主要实验内容

(一)支气管肺炎(猪)

支气管肺炎是指以支气管炎开始,继而波及肺组织的炎症。支气管肺炎的常发部位是尖叶、心叶和膈叶的下部,最初病变侵犯以细支气管为中心的小叶和小叶群,但可迅速侵犯整个大叶。

眼观:标本切面可见有粟粒大、灰白色、混浊的病灶散在(细支气管为中心的小叶性肺炎灶),有的部位则整个小叶甚至多个小叶融合在一起呈灰白色、实变的肺炎灶。

(二)融合性支气管肺炎(马)

眼观:此标本的切面上,可见多个细支气管肺炎病灶互相融合致整个肺叶实变似肝样。

(三)纤维素性肺炎(巴氏杆菌病)

家畜的纤维素性肺炎,主要继发于某些传染病,也可以独立发生。发生纤维素性肺炎的传染病有:巴氏杆菌病(牛、猪、兔)、牛传染性胸膜肺炎、马传染性胸膜肺炎等。纤维素性肺炎是以肺泡内纤维素渗出为特征的炎症,因肺泡内被纤维素渗出物所充满,肺质度变硬,如肝样,故称为“肝变”。在发炎的肝小叶内呈现明显的阶段性变化,即充血期、红色肝变期(肺泡内有大量纤维素和红细胞)、灰色肝变期(红细胞溶解,肺泡内除纤维素外,中性粒细胞大量增多)、消散期(炎性渗出物自溶吸收,肺泡壁上皮细胞再生)。家畜纤维素性肺炎只见小区域的肺泡内有纤维素性渗出物,极少见到人类那种肺炎双球菌引起的均等大叶甚至一侧或全肺的大叶性肺炎。当它变成大叶性肺炎时,多数是不同病灶融合而成。

眼观:此标本为牛患巴氏杆菌病急性死亡后所采的肺脏,此肺为膈叶的断面,处于纤维素性肺炎的充血期及红色肝变期,肺质度似肝样,切面上见有些肺小叶干燥,有极细小似针尖的颗粒突出,间质因炎性物质渗出及淋巴循环障碍而变宽。

(四)卡他性肺炎

低倍显微镜下:①支气管黏膜上皮脱落,管腔内充满细胞性纤维素性渗出物。②肺泡腔内充满各种炎性渗出物,有的肺泡腔内以细胞渗出为主,有的以浆液渗出为主或二者兼有。③病变严重的部位,肺泡之间的界限消失,代之以大量的炎性细胞浸润。

高倍显微镜下:支气管黏膜上皮肿胀、变圆、脱落,管腔充满大量的黏膜上皮细胞、中性粒细胞和少量的单核细胞。渗出物内混有数量不等的浆液和纤维素。肺泡上皮细胞肿胀、变圆、脱落,在肺泡腔内除沉积有多量脱落的上皮细胞及浆液外,尚有数量不等的红细胞、中性粒细胞、单核细胞和纤维素。病变严重部位,肺泡隔消失,里面充满大量中性粒细胞和少量单核细胞,从而在这些部位形成小脓肿。结缔组织疏松、水肿,有少量中性粒细胞、单核细胞和淋巴细胞浸润。

(五)间质性肺气肿(牛)

在肺泡和呼吸性细支气管壁破裂时,空气可由裂口进入小叶间和小叶内的结缔组织与胸膜下,构成间质性肺气肿。

眼观:此标本采自甘薯黑斑病中毒的尸体,剖检时在胸膜下和小叶间组织内见一连串的气泡,正如标本所显示的一样,见于全肺的间质。

(六)急性肺泡性肺气肿(骡)

急性肺泡性肺气肿是肺内空气含量代偿性增加而引起的,它见于呼吸量增强时,如濒死前、持久剧烈咳嗽等,液体、炎性渗出物、异物、虫体等阻塞支气管时亦可引起。

眼观:可见急性肺气肿的肺泡突出于肺脏表面,色苍白(肺泡壁毛细血管因空气压迫而缺血),弹性降低,病变部位多在边缘部。

四、思考题

- 用箭头标出图 6-A 和图 6-B 的主要病理变化。
- 肺肝变的实质是什么?是怎样形成的?

五、示教

(一)肺的导管部(支气管树)

(1)气管(trachea) 气管是最大的气体管道。气管壁分为三层:黏膜、黏膜下层和外膜(示图 8)。①黏膜上皮为假复层纤毛柱状上皮,夹杂有许多杯状细胞(goblet cell),纤毛同步向喉部摆动。固有层为富含大量弹性纤维的疏松结缔组织。②黏膜下层为疏松结缔组织,含腺体和少许淋巴组织。③外膜又称软骨纤维膜,是气管的支架,由"C"形透明软骨和致密结缔组织构成,其缺口由平滑肌和结缔组织相连接。气管进入肺后分为左、右主支气管。主支气管入肺门,在肺内沿结缔组织反复分支,形成各级支气管,小支气管的直径在 1 mm 以下时,则称细支气管(bronchiole),细支气管再反复分支,管径在 0.35~0.5 mm 时,称为终末细支气管(terminal bronchiole),由它再分为 2~4 个呼吸性细支气管。各级支气管结构比较见表 6-1。

(2)支气管(bronchi) 支气管的结构与气管相似,只是软骨环在主支气管仍为环形,以后则逐渐变为不完整的软骨条或软骨片。在黏膜下层有平滑肌束,到小支气管以后则形成一层平滑肌膜围绕在黏膜周围,由于肌膜常处于收缩状态,致使黏膜出现许多纵行皱襞。①黏膜厚度随支气管反复分支而逐渐变薄,软骨逐渐变为碎片,平滑肌相对增加,管腔的皱襞也渐明显。上皮为假复层纤毛柱状上皮,夹杂有杯状细胞,随管径变小,上皮变薄,至终末细支气管时,变为单层柱状或立方上皮,杯状细胞亦随之减少。固有层含丰富的弹性纤维网,有弥散的淋巴组织和孤立淋巴小结,固有层随管径变小而变薄。肌层相当于消化管的黏膜肌层,为散在或完整的环形肌。②黏膜下层为疏松结缔组织,含腺体,腺体数量随管径变小而逐渐减少。③外膜为软骨和纤维组织。

(3)细支气管(bronchiole) 细支气管是小支气管的分支,支配肺小叶。细支气管上皮逐渐变成单层纤毛柱状上皮,杯状细胞减少。软骨、腺体和淋巴组织逐渐消失,平滑肌相对增多,皱襞明显。终末细支气管(terminal bronchiole)由单层纤毛柱状细胞围成,无杯状细胞,腺体和软骨消失,平滑肌完整,皱襞明显。Clara 细胞位于上皮内,数量多,无纤毛,顶部胞质富含分泌颗粒,内有蛋白水解酶,与气管内黏液的清除有关。

(二)肺的呼吸部

呼吸部(respiratory portion)有气体交换功能(示图 6 和表 6-1)。

(1)呼吸性细支气管(respiratory bronchiole) 管壁有很多肺泡的开口,内衬(纤毛)立方上皮和 Clara 细胞,周围有薄层疏松结缔组织和少许平滑肌。

(2)肺泡管(alveolar duct) 因肺泡开口极多,管壁很难看到,平滑肌的收缩导致管壁有结节状膨大。

表 6-1 呼吸系统各级导管及呼吸部结构的比较

项目	气管	支气管(大、中、小)	细支气管	终末细支气管	呼吸性细支气管	肺泡管	肺泡囊	肺泡
黏膜	假复层纤毛柱状上皮,夹杂有杯状细胞	假复层纤毛柱状上皮,夹杂有杯状细胞。有皱襞	假复层纤毛柱状上皮,逐渐变成单层立方纤毛上皮,杯状细胞减少。有皱襞	单层立方纤毛上皮,杯状细胞很少。有很多皱襞	单层立方上皮,有肺泡开口。无皱襞	为肺泡囊和肺泡的开口,开口处有平滑肌团	单层扁平上皮,管壁为肺泡开口	单层扁平上皮
气管腺	有	有(管径愈小,腺体愈少)	无	无	无	无	无	无
平滑肌	有(缺口处)	有(环行平滑肌很薄)	有(环行平滑肌很厚)	有(环行平滑肌很薄)	有(薄层平滑肌束)	有(仅开口处有平滑肌束)	无	无
软骨	环形	片状(随管径变小而减少)	无	无	无	无	无	无

实验七　消化系统病理

一、实验目的和要求

掌握肠套叠、急性卡他性胃炎、慢性卡他性胃炎、浮膜性肠炎、局灶性固膜性肠炎、肠结石等的形态特征及其对机体的影响。

二、实验材料

(1)胃炎　急性卡他性胃炎(大体标本)、慢性卡他性胃炎(大体标本)、浮膜性胃炎(大体标本)、慢性增生性胃炎(大体标本)、胃黏膜溃疡(大体标本)。

(2)肠炎　急性卡他性肠炎(大体标本)、慢性卡他性肠炎(大体标本)、浮膜性肠炎(大体标本)、局灶性固膜性肠炎(大体标本)、慢性增生性肠炎(大体标本、切片标本)、慢性萎缩性肠卡他(切片标本)。

(3)胃、肠内滞留物　结肠结石(大体标本)、毛球(大体标本)、植物纤维团(大体标本)。

(4)肝脏病变　中毒性肝营养不良(大体标本)、肥大性肝硬化(大体标本、切片标本)、萎缩性肝硬化(大体标本、切片标本)、慢性胆管炎(大体标本)、慢性化脓性肝炎(大体标本)。

(5)其他　小肠套叠(大体标本)。

三、主要实验内容

(一)卡他性胃炎(猪、马)

眼观:(猪　急性卡他性胃炎)最明显的部位是胃底部,在此标本的胃黏膜上附有多量黄白色黏稠的黏液,黏膜肿胀、潮红(福尔马林固定后潮红多不显著),有的还可看到出血点,形成这些变化的原因是黏液分泌亢进、炎性细胞浸润和充血。

眼观:(马　慢性卡他性胃炎)多因长期饲养管理不当或继发于慢性淤血,此时胃的炎症充血不明显。突出的是固有膜及黏膜下层的结缔组织增生(其中有多量淋巴细胞浸润,腺体也相应增生),因而黏膜显得肥厚,故称肥厚性胃卡他。马患慢性卡他性胃炎时,多在胃底部腺区形成颗粒状肥厚。在此标本的有腺区(呈黑色区)的黏膜表面有一层灰白色的黏液覆盖,另外可见黏膜面上散在多个黄豆大中央凹陷周围隆起的颗粒,此乃腺体间结缔组织及腺体本身增生的结果,由于结缔组织增生,压迫腺体,分泌液排除困难,这些是形成中央凹陷外围隆起的囊状颗粒的原因。慢性胃卡他经过持久时,增生的结缔组织变为瘢痕而收缩,使胃黏膜失去皱褶,胃壁变得菲薄,因而此时又称作“萎缩性胃卡他”。

(二)浮膜性胃炎(牛　恶性卡他热)

眼观:胃黏膜表层坏死与渗出的纤维素混在一起形成一层灰黄色干燥的假膜,因组织坏死未深入底层组织，故此膜易剥脱。

（三）慢性增生性胃炎（猪）

眼观：胃黏膜肥厚皱缩呈脑回样纹理，黏膜表面光滑，颜色灰白。

（四）胃黏膜溃疡（猪）

眼观：在近幽门处的黏膜上有一黄豆大的低于黏膜表面的溃疡，溃疡底部因结缔组织增生而皱缩。

（五）卡他性肠炎（马、猪）

眼观：（马　急性卡他性肠炎　直肠）此标本为马的直肠，可见肠黏膜表面附有多量黄白色黏稠混有脱落上皮的黏液，黏膜充血肿胀。

眼观：（猪　慢性卡他性肠炎　肠）肠黏膜潮红肿胀，表面有多量黏液，肠壁淋巴结由肿胀转为萎缩，因肠黏膜上皮细胞脱落，外观呈筛孔状。

（六）浮膜性肠炎（牛　恶性卡他热）

肠道的纤维素性炎由于病变的程度不同，又分为浮膜性与固膜性两种。浮膜性肠炎，在纤维素性渗出的同时仅黏膜表面受损，故渗出的纤维素易剥脱，剥脱后的部位不遗留大的溃疡。

眼观：此标本为牛恶性卡他热时大肠的浮膜性炎症。可见在肠腔内黏膜面上，有颜色较黑易剥脱的一层，此即渗出的纤维素与黏膜表层坏死组织的混合物。

（七）局灶性固膜性肠炎（猪　猪瘟）

眼观：肠道发生固膜性炎症时，组织坏死的程度较严重，可波及深部组织，坏死组织与纤维素性渗出物紧密凝结，不易脱落，如人为剥离则出现明显溃疡。在慢性猪瘟的病例，肠道常出现局灶性固膜性炎症。肠道内这种病变主要位于盲肠、结肠及回肠末端。局灶性固膜性炎，一般是在集合淋巴滤泡、孤立淋巴滤泡肿胀以及出血灶的基础上，先出现中心坏死，以后炎症向周围逐渐扩大，渗出的纤维素与坏死组织互相融合，构成干固、同心圆、轮层状的坏死痂，此种圆形污褐色、高出周围黏膜表面的坏死灶即局灶性肠炎的部位，其体积大小不等，形似衣扣，故称“扣状溃疡”。

（八）慢性增生性肠炎（牛　大肠）

眼观：肠道质度变得较坚实，剖开肠管见黏膜肥厚皱缩呈脑回样纹理，黏膜表面光滑，呈灰白色。

显微镜下：①黏膜层增厚，有些部位黏膜上皮坏死脱落。②固有膜内上皮样细胞和成纤维细胞大量增生。③肠腺明显减少，肠腺的杯状细胞数量增多。④黏膜下层的淋巴细胞肿胀，淋巴滤泡内的网状细胞和大淋巴细胞数量明显增多。

（九）慢性萎缩性肠卡他（马　小肠纵切）

显微镜下：①肠绒毛萎缩，肠腔内有淡红染黏液性细胞性脱落物。②黏膜下层的结缔组织增厚，胶原纤维排列疏松，毛细血管扩张充血。③肠黏膜上皮大部分脱落，肠绒毛内毛细血管网扩张，充盈红细胞。肠绒毛间有多量淋巴细胞、嗜酸性粒细胞及少量单核细胞浸润。④黏膜下层、肌层及浆膜层内均有少量的淋巴细胞、嗜酸性粒细胞浸润。

（十）胃、肠内滞留物（牛、马、羊）

眼观：结肠结石（马　大结肠内），此乃在三例马尸检中于大结肠发现的，每例结石为两个，其形为多面体或球形体，表面平滑呈现淡灰色，质硬如石，剖面见分层结构。

毛球，采自牛、羊，均在瘤胃内发现，此乃牛羊异嗜时吃进去的毛发与植物纤维，加上消化液互相卷压黏合而成的一种凝结物，可见这种“假结石”呈球形，重量很轻，表面光滑，色黑褐。

植物纤维团(牛　十二指肠内)，此标本乃手术自牛十二指肠内取出，为干燥硬固的植物纤维团(花生杆)造成十二指肠阻塞。

(十一)中毒性肝营养不良(猪)

眼观：中毒性肝营养不良是在机体严重中毒的基础上引起的肝细胞变性及坏死。由于肝细胞的大量坏死，肝体积显著缩小，边缘锐薄，质地柔软，可以折叠，呈棕黄色，故又称“急性黄色肝萎缩”。

(十二)肥大性肝硬化(骡、牛)

眼观：(骡)肥大性肝硬化的早期变化，其体积增大是由于间质结缔组织在肝内弥漫增生的结果，而实质相对减少(萎缩)，由于结缔组织的增生造成肝内胆管受压并扭曲，因此胆汁排出受阻。此标本系采自慢性霉草中毒的患骡。该肝体积增大约相当于正常肝体积的 5 倍，重量约 20 kg。此标本瓶中是该肝的很小一部分，由于胆汁淤滞，故切面上显黄绿色，因胆色素浸出致固定液黄染。

显微镜下：(牛)①肝小叶固有结构模糊不清。②小叶间及小叶内均有淡染纤细的结缔组织(间质增生)。③肝细胞索排列紊乱，被增生的结缔组织分隔，多数肝细胞内出现脂肪空泡。④在增生的结缔组织内除网状纤维胶原化的纤维外，尚可见到成纤维细胞、淋巴细胞及浆细胞。⑤间质内胆管增生不明显。⑥残留的肝细胞，多数体积变大(代偿性肥大)或处于细胞分裂阶段(再生)。

(十三)萎缩性肝硬化(猪)

肝硬化时，多种原因引起肝细胞变性、坏死继而出现纤维结缔组织增生和肝细胞的结节状再生，三者反复交错地进行，肝的正常小叶结构和血液循环逐渐被破坏和改建。猪的萎缩性肝硬化多为屠宰后发现，生前一般无症状，而且发生的部位多为肝的一叶，不是全肝。

眼观：此标本可见该肝左叶体积缩小，硬度增加，表面呈颗粒状；切面见无数圆形的岛屿状结构，大小与表面颗粒相似，在其外围均有灰白色的纤维结缔组织包绕。

显微镜下：肝脏内间质显著增生，增生的结缔组织将肝实质分割成许多大小不等的岛屿状，这些被分割的肝细胞群排列紊乱，缺少中央静脉或中央静脉偏于一侧，或有几个中央静脉，故有“假肝小叶”之称。①在增生的结缔组织内，有大量淋巴细胞浸润及胆管增生。②部分肝细胞发生变性(颗粒变性，严重的脂肪变性)，部分肝细胞体积增大(代偿性肥大)。③间质内有大量淋巴细胞、浆细胞及单核细胞浸润。

(十四)慢性胆管炎(羊　肝片吸虫病)

肝片吸虫寄生于胆管内，由于虫体的机械损伤以及毒素的作用和虫体经肠道带入的细菌长期作用，引起胆管的增生性炎症。

眼观：此标本上可见胆管壁结缔组织增生而显著肥厚，胆管内因有多量肝片吸虫寄生使胆汁淤滞，从而使胆管扩张变粗。

(十五)慢性化脓性肝炎(牛)

眼观：此标本采自乳牛，剖检时见肝脏高度肿大，在肝的切面上见到许多散在、大小不等、圆形或不整圆形的化脓灶，脓灶外围有增生的结缔组织包绕，此乃胆道感染，化脓菌沿肝内胆管移动引起全肝化脓性炎症的结果。

（十六）小肠套叠（猪、牛）

眼观：（猪）此乃一头猪的空肠段，见有一段肠管及其附着的肠系膜均套入另一段肠管内。套叠部的肠管增粗、淤血、水肿。

眼观：（牛）患牛生前食欲废绝，保守治疗无效，剖检时发现一段小肠管套入另一段肠管内，套叠部位的肠管高度淤血、水肿，套入的肠管质地脆弱。

四、思考题

- 用箭头标出图 7-A 至图 7-H 的主要病理变化，要求含器官或组织名称＋部位＋病理变化，如：肺脏细支气管黏膜上皮脱落或肺泡腔内中性粒细胞浸润。
- 试述急性肠炎的类型及各型病变特点。
- 试述肠炎对机体的主要影响。
- 试述动物常见的肝硬化类型及其病变特点。
- 试述肝硬化对机体的主要影响。
- 试述急性胃炎的类型及各型的病变特点。

五、示教

（一）小肠

小肠（small intestine）是消化吸收的主要部位，按结构和功能不同，可分为十二指肠、空肠和回肠，其组织结构基本相似，管壁由四层结构构成，分别是黏膜层、黏膜下层、肌层和浆膜（示图 18 至示图 20）。

1. 黏膜层

小肠黏膜面上有许多环形皱襞，是由黏膜和部分黏膜下层共同向肠腔突出形成的。黏膜表面有大量肠绒毛，绒毛是突起的固有膜，外覆黏膜上皮，在十二指肠呈叶状，在空肠呈长指状，在回肠呈短指状。

（1）黏膜上皮　为单层柱状上皮，被覆于绒毛表面和绒毛间的黏膜表面，由吸收细胞、杯状细胞和内分泌细胞组成。

吸收细胞（absorptive cell）：数量最多，呈柱状，高 20～26 μm，宽约 8 μm，核呈卵圆形位于基底部。细胞游离面有明显的刷状缘和闭锁堤。

杯状细胞（goblet cell）：数量较少，呈高脚杯样，散在于吸收细胞之间。核扁，位于细胞基部，胞质内充满黏液颗粒。

内分泌细胞（endocrine cell）：分布于上皮细胞之间，种类多，难辨认。

（2）固有层（lamine propria）　由富含网状纤维的疏松结缔组织构成，一部分突进绒毛的轴心，另一部分夹在肠腺之间，内有丰富的毛细血管、淋巴管、弥散的淋巴组织和淋巴小结。

（3）黏膜肌层（muscularis mucosa）　由内环和外纵两层平滑肌构成。

2. 黏膜下层

黏膜下层由疏松结缔组织构成，有大量的小肠腺、淋巴组织和丰富的血管。十二指肠的黏膜下层内有大量十二指肠肠腺。

小肠腺(small intestinal gland):由上皮下陷形成的单管状腺,腺上皮多为柱状吸收细胞,也有杯状细胞、少量的内分泌细胞、潘氏细胞和干细胞。

潘氏细胞(Paneth cell)为小肠腺的特征细胞,常三五成群位于腺底部,细胞呈锥形,胞质顶端有粗大的嗜酸性颗粒。

3. 肌层

肌层(muscular layer)由内环、外纵两层平滑肌组成,内环肌较厚而且明显,外纵肌较薄。两肌层间有结缔组织、血管和神经丛。

4. 浆膜

浆膜(serosa)由一层薄的结缔组织外被一层间皮构成。

(二)大肠

大肠(large intestine)包括盲肠、结肠和直肠三部分,主要功能是吸收水分和盐类,基本构造和小肠相似,但有以下特点:

大肠黏膜没有环形皱襞和绒毛,黏膜上皮柱状细胞刷状缘不显著,肠腺比较发达,杯状细胞较多,缺乏潘氏细胞,肌层特别发达(示图 21)。

实验八　泌尿生殖及神经系统病理

一、实验目的和要求

掌握急性肾小球肾炎、慢性肾小球肾炎、出血性肾小球肾炎、间质性肾炎和卵巢囊肿的形态特征及其对机体的影响。

二、实验材料

(1)肾炎　急性肾小球肾炎(大体标本、切片标本)、慢性肾小球肾炎(大体标本、切片标本)、出血性肾小球肾炎(大体标本)、间质性肾炎(大体标本)。

(2)结石　膀胱结石(大体标本)、尿道结石(大体标本)。

(3)浆液性囊腺瘤　卵巢囊肿(大体标本)。

(4)神经系统病理　脑液化性坏死(大体标本、切片标本)、急性非化脓性脑膜脑炎(切片标本)。

(5)其他　肾脓肿(大体标本)、囊肾(大体标本)。

三、主要实验内容

(一)急性肾小球肾炎(猪)

眼观:该肾体积肿胀,皮质部增厚,包膜紧张易剥离。在肾表面及切面的皮质部可见灰白色、半透明、颗粒状隆起的肾小球(急性肾小球肾炎是肾小囊内浆液及纤维素渗出、肾小囊壁层和肾小球毛细血管内皮细胞增生的结果)。

显微镜下:①肾小球高度肿胀。②肾小囊内有多量浆液纤维素渗出。③肾小管上皮多变性崩解。④肾小球血管内皮细胞及肾小囊壁层细胞肿胀、增生。⑤肾小囊内蓄积的渗出物内有少量中性粒细胞及崩解脱落的上皮细胞。

(二)慢性肾小球肾炎(骡、人)

眼观:(骡)可见该肾体积较小,表面凸凹不平,色泽灰白,肾包膜与表面的肾组织发生粘连,故不容易剥落,皮质显著变薄,髓质部无明显变化。

显微镜下:(人)①观察整个切片见肾实质(肾小球、肾小管)减少,而间质结缔组织增生。②在皮质部,有的在一个视野内可见整个紧密集合在一起的均质红染的圆形病灶,此即发炎失去机能的肾小球(肾小球玻璃样变)。③有些慢性发炎的肾小球因结缔组织增生而呈现同心圆结构。④已失去机能的肾小球所从属的肾小管因废用而萎缩,甚至消失(废用性萎缩)。⑤在皮质部仍可看到一些结构接近正常的肾小球,其体积显著增大(代偿性肥大)。⑥肾小管内有透明管型或细胞管型。用高倍镜仔细观察上述各项变化。

(三)出血性肾小球肾炎(猪　猪丹毒)

猪丹毒是猪的一种急性、热性传染病,主要表现为败血症和皮肤疹块,也有少数表现慢性心内膜炎及多发性关节炎,病原是猪丹毒杆菌。

眼观:此标本为急性败血症型猪丹毒患猪体内的肾脏,这两个肾均肿大,肾表面及切面均可见多量出血点,在皮质部可见无数针尖大的红点,此即充血、出血的肾小球。

(四)间质性肾炎(牛)

间质性肾炎常见于家畜,一般没有临床症状,只是在屠宰或其他原因死亡剖检时发现。局灶性肾炎多见于牛,称为“白斑肾”。

此标本为牛的局灶性间质性肾炎,可见在肾脏的皮质有许多拇指大、灰白色、质度硬固、结节状突出于肾脏表面的病灶,此即局灶性间质性肾炎的部位,显微镜下见此处有炎性细胞浸润及结缔组织增生。

(五)结石(乳牛、公驴)

膀胱结石:采自乳牛,此标本外表为膀胱壁,可见其中充满了凝结在一起的白色结晶状的结石,是物质代谢障碍引起尿中某些盐含量过高所造成。

尿道结石:标本是从一公驴尿道内手术摘除出来的,可见其有鸡卵大小、黄褐色,表面有针状结晶,质硬如石。

(六)浆液性囊腺瘤(猪　卵巢囊肿)

眼观:此标本来源于卵巢生发上皮的良性瘤,是直径约 20 cm 的囊腔,囊腔外壁光滑,囊壁较厚,含纤维组织成分,囊腔内为无色稀薄液体(切开后流失)、内腔无间隔(单房性),内壁可见少数疣状突起。瘤体所在左侧卵巢消失,对侧卵巢仍可见。

(七)脑液化性坏死(骡、牛)

眼观:(骡)此标本采自霉玉米中毒骡的脑,生前有明显神经症状,剖检主要病变为脑白质液化性坏死。在此脑切面上,脑灰质与白质界限不清,白质多为淡黄色豆腐脑状的液化坏死灶,有的坏死灶在切开时,坏死组织流失而形成腔洞。

显微镜下:(牛)①在脑实质中可见散在大小不等的液化性坏死(较深红染,其中不见神经细胞,仅见浓缩为深蓝色的细胞核)。②脑内的血管均扩张充血,血管周围间隙增宽,其间聚集红细胞或水肿液。③液化坏死灶内组织疏松(形成大小不规则的裂隙),坏死崩解为红染的颗粒状物质,核多浓缩或溶解,未见炎性细胞浸润。④液化坏死灶附近的脑组织呈现水肿、神经元变性、卫星现象、噬神经元现象、神经胶质细胞增生、血管内皮增生。

(八)急性非化脓性脑膜脑炎(牛　恶性卡他热)

显微镜下:①脑软膜水肿、充血,有淋巴细胞、单核细胞及少量中性粒细胞浸润。②脑实质内血管周围间隙变宽水肿,有血管外膜细胞、淋巴细胞、单核细胞增生浸润,形成“袖套现象”。③神经细胞呈现浓缩、溶解或胞浆内有空泡出现,核偏位或消失。④神经胶质细胞增生,在变性神经细胞周围有胶质细胞围绕,出现“卫星现象”。

(九)肾脓肿(猪)

眼观:多由葡萄球菌感染所致,为全身脓毒败血症的一部分。通常在身体其他部位有感染灶,细菌经血行感染肾脏。脓肿常多发,但亦有单发。肾脏体积高度肿大,被膜易剥离,剥离被膜后见肾被膜下散在有高粱米大至黄豆大的黄白色化脓灶，稍隆起，周边因充血和出血有红晕，切面见脓肿灶亦呈球形。

（十）囊肾（猪）

多为先天性畸形，是在母体内胚胎发育异常引起的，正常的胚胎肾单位与集合管分别由不同的胚基独立分化形成，在肾脏形成的一定时期两者又联合起来。异常情况下，肾单位与集合管没有接通，致尿液不能排出，因而肾单位集聚多量尿液，膨胀呈囊泡状。

四、思考题

- 用箭头标出图 8-A 至图 8-J 的主要病理变化，要求含器官或组织名称＋部位＋病理变化，如：肺脏细支气管黏膜上皮脱落或肺泡腔内中性粒细胞浸润。
- 试述肾小球肾炎的病因和发病机理。
- 试述肾小球肾炎的病理学类型。
- 试述囊腺瘤的类型及病理变化。
- 试述神经元和胶质细胞的基本病理变化。
- 试述非化脓性脑膜炎的主要病理变化。
- 试述肾炎的类型及病变特点。

实验九　细菌性传染病病理

一、实验目的和要求

掌握各种畜禽巴氏杆菌病、沙门菌病及猪丹毒的病理特征。

二、实验材料

(1)巴氏杆菌病　猪肺疫(大体标本、切片标本)、鸡霍乱(大体标本、切片标本)。

(2)沙门菌病　猪副伤寒结肠弥漫性及局灶性固膜性炎(大体标本)、猪副伤寒肝脏(切片标本)、猪副伤寒肾脏(切片标本)。

(3)猪丹毒　急性出血性肾小球肾炎(大体标本)、急性脾炎(切片标本)。

三、主要实验内容

(一)猪巴氏杆菌病(猪肺疫)

1. 分型

(1)流行性猪肺疫的病理剖检特征　咽喉部及其周围组织表现为出血性浆液性炎,切开颈部皮肤,可见大量胶冻样黄色透明的水肿液,有时水肿可蔓延至前肢。全身淋巴结出血、肿胀,尤以咽喉部淋巴结最为明显。全身黏膜和浆膜散在小出血点,呈败血症变化。

(2)散发型猪肺疫的病理剖检特征　①纤维素性坏死性肺炎:病变部位主要在肺脏的尖叶、心叶、间叶及膈叶的前下部,严重者可达整个肺脏,病变肺组织肝变,呈暗红色或灰红色。肝变区中央常有坏死,小叶间结缔组织由于胶样浸润而增宽,显灰白色,肺脏切面呈大理石样花纹。②纤维素性胸膜炎:在病变部位胸膜上附有黄白色纤维素性薄膜,病程久者两层胸膜可发生粘连。胸膜腔常积有含纤维素蛋白凝块的混浊液体。③纤维素性心包炎:常见浆液和纤维素渗出于心包腔,病程久者可导致心包与心脏粘连。散发型猪肺疫肺门淋巴结高度肿大、出血且常见有坏死灶。

2. 病变

眼观:猪肺疫的病理变化是初期为小叶性肺炎,以后互相融合为大叶性肺炎。肺炎病灶色彩随肺炎发展的时期不同而不一样,呈红色、暗红色或黄色,肺小叶间因炎性渗出而增宽,肺胸膜亦有炎症,可见薄层纤维素性渗出物附着于发炎部表面(纤维素性胸膜炎),心外膜亦有纤维素渗出(纤维素性心外膜炎)。

显微镜下:(猪肺疫　肺)①肺泡内充满了细胞性渗出物,在细胞渗出较少的肺泡内可见红染网状的纤维素。②支气管黏膜上皮脱落,管腔内亦有多量炎性渗出物。③间质增宽、充血、出血,有多量细胞浸润。④多数肺泡内为淋巴细胞及组织细胞渗出,其中有的细胞已趋向崩解,有的肺泡腔内渗出的红细胞被巨噬细胞吞噬,在其胞浆内转变为含铁血黄素,在细胞渗出较少的部位，肺泡壁毛细血管扩张充血。⑤间质结缔组织水肿，胶原纤维疏松，其间有组织细胞及淋巴细胞浸润。

(二)鸡巴氏杆菌病(鸡霍乱)

1. 分型

按鸡霍乱的病程经过和病理变化分为三型。

(1)最急性型　患鸡迅速呈败血症而突然死亡，剖检见心冠部的心外膜上有针尖大的出血点，冠、肉髯发绀，有时在肝脏出现个别针尖大、灰白色或灰黄色坏死灶。

(2)急性型　最为常见，剖检见有典型败血症变化和肝脏的局灶性坏死。①鸡冠和肉髯发绀，胸部肌肉散在小出血点，多数病例胸膜、腹膜、心外膜及各器官浆膜呈浆液纤维素性炎，并伴有点状出血。②肺充血、水肿，有时见纤维素性肺炎。③浆液纤维素性心包炎和纤维素性胸膜炎。④肝脏肿大，常有许多针头至粟粒大的灰白色或灰黄色坏死灶。⑤消化道呈急性卡他性炎，十二指肠为出血性肠炎。

(3)慢性型　慢性鸡霍乱缺乏全身性败血症性变化，通常只有某些局部发生病变，如纤维素性坏死性肺炎、心包炎、胸膜炎、关节炎，以及冠和肉髯的坏死等。具体表现为：①肺脏有较大的黄白色干酪样坏死灶。②慢性关节炎，表现关节囊和关节周围有脓肿形成，脓肿内含有黏稠或干酪样渗出物。③肉髯、冠、耳呈水样肿胀，继而坏死，称为肉髯病。

2. 病变

眼观：(鸡冠、肉髯水肿)此标本采自慢性鸡霍乱病鸡，其鸡冠、肉髯均因炎性渗出而肿胀。

显微镜下：(鸡霍乱　肝脏)①肝细胞排列紊乱，窦状隙扩张充血。②在肝脏的实质内散在有大小不等的均质红染的团块，此即肝脏发生局部灶性坏死的病变部位。③在肝脏的小叶间质内有局灶性的炎性细胞浸润。④肝细胞普遍发生颗粒变性、水泡变性、脂肪变性，严重者细胞核崩解消失。⑤充血的窦状隙内含有数量不等的异嗜性白细胞。⑥较小的坏死灶内肝细胞发生凝固性坏死，呈均质红染的团块，较大的坏死灶内大部分肝细胞核消失，病灶网状细胞增生，有些增生的细胞已具备成纤维细胞的形态，有的坏死外围有大量异嗜性白细胞聚集成团。⑦小叶间质内结缔组织增生，并有大量淋巴细胞、巨噬细胞和异嗜性白细胞浸润。

(三)沙门菌病

沙门菌属包括数百种细菌，其中许多是能引起畜禽发病的病原菌，主要引起猪、牛等动物发生副伤寒，马、牛、绵羊流产，鸡白痢和伤寒。本实验主要观察猪副伤寒的病理标本。

1. 分型

猪副伤寒的病理剖检特征可分为两型。

(1)急性败血型　败血症变化为其基本表现：①淋巴结肿胀、充血、出血。②心内外膜、膀胱、咽喉、胃黏膜出血。③脾脏淤血、肿大，呈深蓝色。④盲结肠黏膜充血、肿胀，淋巴滤泡肿大。

(2)慢性型(肠型)　特征性病理变化是肠黏膜形成特异性局灶性或弥漫性纤维素性坏死性炎。①全身淋巴结，特别是咽、颌下和肠黏膜淋巴结的淋巴组织增生肿胀，眼观淋巴结呈灰红色，切面致密，较干燥，有时见有灰白色坏死灶。②胃肠道最特征性的病变是盲肠和结肠黏膜上的局灶性或弥漫性纤维素性坏死性炎。肠系膜淋巴管增粗，呈混浊的灰白色条索状。③肝脏肿大，表面和切面常见灰黄色坏死灶，坏死灶内多数肝细胞溶解，代之以增生的网状细胞而形成肉芽肿样结节，称为副伤寒结节。④胆囊扩张，充满暗绿色胆汁。

2.病变

眼观:(猪副伤寒　结肠弥漫性及局灶性固膜性炎)在肠黏膜表面可见局灶性或融合成大片的灰色溃疡灶。副伤寒慢性肠炎与慢性猪瘟时的肠道变化似有相同之处,但仔细观察亦可加以区别:首先副伤寒时多呈弥漫性固膜性炎,由于肉芽组织的增生致肠壁增厚,而猪瘟时则多为局灶性固膜性炎,肠壁增厚不明显。在局灶性固膜性炎方面副伤寒菌所致肠道坏死组织比较松软,缺少典型轮层状结构,而猪瘟时的扣状肿,质度坚硬如皮革样,并常有同心圆结构。

显微镜下:(猪副伤寒　肝脏)①肝小叶轮廓尚可看出,但肝细胞高度肿胀,肝细胞索排列紊乱,窦状隙变窄。②在很多肝小叶内可以看到球形或边缘不整的细胞聚集构成的结节。③肝细胞多发生颗粒变性或脂肪变性,有的已坏死。④有些结节以增生的网状细胞为主(增生性结节),有些结节则肝细胞坏死严重,有多量红细胞及纤维素渗出,其间有少量中性粒细胞及组织细胞浸润(渗出性结节),也有少量结节是上述渗出性结节与增生性结节之间的过渡类型,即在坏死灶中既有网状细胞的增生,又有红细胞及中性粒细胞的渗出。

显微镜下:(猪副伤寒　肾脏)①肾脏固有组织轮廓尚可辨认,但大多数肾小管上皮细胞高度肿胀,肾小管管腔明显狭窄。②在肾皮质内可以看到许多边缘不整、形状不规则的结节,结节由许多细胞聚集而成。③皮质和髓质内散在有许多结缔组织增生而形成的结节。结节主要以增生的网状细胞为主,结节内的肾小管上皮细胞多已变性、坏死,有的结节内,特别是髓质的结节内有大量成纤维细胞和纤维细胞增生,其间伴有淋巴细胞弥漫性浸润。④肾小管上皮细胞多发生颗粒变性,细胞间界限模糊不清,肾小管管腔高度狭窄,甚至完全阻塞。

(四)猪丹毒

1.分型

猪丹毒的病理剖检特征,根据病程长短,可分急性、亚急性和慢性3种类型。

(1)急性型或败血型　主要病理特征是败血症变化和皮肤出现淡紫红色充血区,即所谓"丹毒性红斑"。具体表现为:①全身淋巴结呈急性炎症,外观肿大,常见出血斑点。②脾脏高度肿大,呈樱桃红色。③肾脏肿大、淤血而呈暗红色,表面及切面可见散在的大小不等的出血点。④全身浆膜、黏膜有多少不等的出血点。

(2)亚急性或疹块型　主要病理特征是在皮肤上出现方形、菱形或不规则的鲜红色、紫红色或周边红色而中心苍白色隆起的疹块。

(3)慢性型　主要病理特征是:①猪丹毒性心内膜炎,在心瓣膜向着血流面出现灰白色的血栓性增生物,表面高低不平,外观呈菜花样。②猪丹毒性关节炎,关节囊肿大、变厚、充满大量渗出液,关节面粗糙,严重者关节变形。③皮肤坏死,呈黄色、坚硬的干性坏疽。

2.病变

眼观:(急性出血性肾小球肾炎)此标本为急性败血型猪丹毒的肾脏,体积肿大,颜色紫红,在肾表面及切面均见有多量出血点。此外,还表现为肾脏出血性梗死、丹毒性皮肤疹块和疣性心内膜炎。

显微镜下:(猪丹毒　急性脾炎)①有大量红细胞充盈于红髓内,在白髓的淋巴细胞之间也有少量散在或多量聚集的红细胞分布。②白髓体积变小,淋巴组织减少。③红髓内除多量红细胞外,尚可见到增生的网状细胞、淋巴细胞、浆细胞及渗出的浆液纤维素等。④白髓内出血严重部位的网状细胞及淋巴细胞呈现核破碎和崩解现象。⑤脾小梁中的胶原纤维、弹性纤维、平滑肌组织均肿胀,排列疏松。⑥白髓内中央动脉、红髓内静脉窦以及小梁内的血管内皮细胞及平滑肌亦变性肿胀。

四、思考题

- 用箭头标出图 9-A 至图 9-H 的主要病理变化，要求含器官或组织名称＋部位＋病理变化，如：肺脏细支气管黏膜上皮脱落或肺泡腔内中性粒细胞浸润。
- 纤维素性肺炎不同阶段的病理变化有何特征？其结局和对机体的影响如何？
- 急性炎性脾肿的病理变化特征是什么？常见于哪些传染病？

五、鉴别诊断

(一)猪巴氏杆菌病与猪瘟、败血型猪丹毒、猪气喘病、猪弓形虫病的鉴别

猪巴氏杆菌病：全身皮肤、皮下组织、浆膜和黏膜可见出血斑点。最突出的变化是咽喉部黏膜及周围组织明显水肿，炎性水肿向前可扩展到舌系带及舌，向后则蔓延到颈部甚至胸部皮下。切开水肿部组织时，见有大量淡黄色或淡红色略透明的浆液流出。被水肿液浸润的组织呈黄或黄红色胶冻样。

猪瘟：可见出血性淋巴结炎、脾出血性梗死及肾脏小点状出血；慢性病例见大肠黏膜出现扣状溃疡，突出于肠黏膜。

败血型猪丹毒：主要表现为全身淤血、肾脏和脾脏急性肿大与浆液性淋巴结炎等。

猪气喘病：表现为淋巴细胞性间质性肺炎，病变区位于肺的尖叶、心叶和膈叶前缘，灰红色或灰白色，呈胰变。

猪弓形虫病：主要病变是浆液、间质性肺炎，同时多个器官组织出现坏死灶，病灶中可见弓形虫滋养体。

(二)鸡巴氏杆菌病与鸡新城疫、鸭瘟、鸡白痢的鉴别

鸡巴氏杆菌病：特征病变是局灶性坏死性肝炎，心外膜喷洒状出血，出血性十二指肠炎和肺充血、水肿。

鸡新城疫：特征性变化是败血症和消化道病变，表现为全身浆膜、黏膜出血。

鸭瘟：肝脏虽可见大小不等的坏死灶，但主要病变表现为食道黏膜、空肠黏膜及泄殖腔黏膜的纤维素性坏死性炎。

鸡白痢：肝脏坏死灶较大，黄白色或灰白色，肺、心肌也可见灰白色坏死结节。

实验十　病毒性传染病病理

一、实验目的和要求

认识和掌握一些常见病毒性传染病的主要病理变化。

二、实验材料

(1)猪瘟　膀胱黏膜出血(大体标本)、脾脏出血性梗死(大体标本)、结肠局灶性固膜性炎(大体标本、切片标本)、出血性淋巴结炎(大体标本)、皮肤出血(大体标本)、出血性肾小球肾炎(大体标本)、急性淋巴结炎(切片标本)。

(2)鸡新城疫　消化道出血和溃疡(大体标本),纤维素性坏死性肠炎(大体标本),鸡冠、腺胃和胸肌(大体标本),鸡新城疫脾脏(切片标本),鸡新城疫肾脏(切片标本)。

(3)鸡马立克氏病　肉鸡马立克氏病脾脏、腺胃、肝脏及卵巢(大体标本),鸡马立克氏病心肌(切片标本)。

(4)鸡白血病　鸡淋巴细胞性白血病肝、脾、心、肾、卵巢(大体标本),鸡淋巴细胞性白血病肝、肾(切片标本)。

三、主要实验内容

(一)猪瘟

1. 败血型猪瘟

败血型猪瘟主要表现为败血症变化,其中有诊断意义的有:①皮肤有出血点和出血斑,出血部位主要分布在颈部、腹部、腹股沟部和四肢的内侧。②全身淋巴结出血呈深红色、紫红色或大理石样,淋巴结出血主要表现为周边性出血。③黏膜出血,尤其是泌尿系统如膀胱、输尿管及肾盂等黏膜的出血具有特征性,因为这在猪的其他败血症中比较少见。④肾脏颜色苍白,在苍白的背景上有多少不等的出血点。⑤脾脏出现出血性边缘性梗死。⑥大脑出现非化脓性脑炎。⑦喉头及会厌软骨上常有不同程度的出血。⑧胆囊黏膜溃疡,有出血点或纤维素渗出。

(1)出血性淋巴结炎(猪瘟)　淋巴结出血为猪瘟的一种常见的病变,并且病变出现时期很早,故在综合诊断中具有一定的诊断意义。淋巴结出血病变根据猪瘟临床经过不同而有很大差异,一般分为:①淋巴结肿胀及充血。②淋巴结边缘出现紫红色和灰白色掺杂,呈大理石样出血。③淋巴结呈弥漫性出血。最多见且具有诊断意义的是第二种。

眼观:此标本为肠系膜淋巴结,淋巴结肿大,切面呈大理石样出血,出血在边缘的髓质,而中心部的淋巴组织呈灰白色,故两者镶嵌呈大理石样。出血严重,则整个淋巴结切面呈暗红色。

显微镜下:①结缔组织小梁内毛细血管高度扩张,管腔内充盈多量红细胞(充血),皮质及髓质淋巴窦内亦出现多量红细胞(出血)。②毛细血管内皮细胞肿大、淡染。③淋巴窦内除红细胞外,尚可见一些浆液纤维素性渗出物及少量中性粒细胞。

(2)膀胱黏膜出血(猪瘟)　此标本为猪患急性猪瘟时的膀胱,可见膀胱黏膜下有弥散的针尖大或绿豆大鲜红色的出血点。

(3)出血性梗死(猪瘟　脾脏)　在处于淤血状态,并富有毛细血管及其吻合枝的组织发生动脉闭塞时,由于闭塞下部坏死区压力低下,故静脉回流,同时邻近血管吻合枝的血液亦流入坏死区,致使梗死灶呈红色,称出血性梗死或红色梗死。

眼观:此标本为猪患猪瘟时的脾脏,可见在脾脏的边缘及中心有呈结节状或楔状、暗红色、比周围正常组织略高的突起处,即为出血性梗死灶。楔状梗死灶底部位于脾脏被膜,尖端指向中心,其体积从粟粒大到黄豆大,有的可相互吻合,成为高低不一的带状。

(4)皮肤出血(猪瘟)　猪瘟皮肤出血也是一种多见的变化,初期为小的淡红色充血,其后为斑点状出血或相互融合成暗紫红色出血斑,后期形成黑褐色干固的小痂。

眼观:该标本是皮肤的出血斑点,在皮肤上出现粟粒大至高粱米大的黑色出血斑点,出血多位于皮肤表层,也有的达皮下结缔组织。

(5)出血性肾小球肾炎　猪瘟是一种由病毒所引起的传染病,急性以败血症为主要表现形式,慢性则以纤维素性坏死性肠炎为其临床特点。不论急性或慢性猪瘟,都经常有出血性肾小球性肾炎发生,肉眼上最突出的变化是在肾皮质及髓质部有出血点。

眼观:标本显示肾皮质部弥散存在的针尖大至粟粒大的出血点。

2. 慢性猪瘟(肠型猪瘟)(结肠局灶性固膜性炎)

慢性猪瘟主要表现为:①大肠扣状肿,即在大肠发生特征性的局灶性固膜性肠炎。②在胸部肋软骨连系处,距离骺线下 1～4 mm 处有一条很紧密、完全钙化的横线。

局灶性固膜性肠炎(猪瘟)时,组织坏死的程度较严重,可波及深部组织,坏死组织与纤维素性渗出物紧密凝结,不易脱落,如人为剥离则出现明显溃疡。在慢性猪瘟的病例,肠道常出现局灶性固膜性炎症,肠道内这种病变主要位于盲肠、结肠及回肠末端。局灶性固膜性炎,一般是在集合淋巴滤泡、孤立淋巴滤泡肿胀、出血的基础上,先出现中心坏死,以后炎症向周围逐渐扩大,渗出的纤维素与坏死组织相互融合,构成干固、同心圆、轮层状的痂膜。此种圆形污褐色、高出周围黏膜表面的坏死灶即局灶性固膜性肠炎的部位,其体积大小不等,形似衣扣,故称“扣状溃疡”。

眼观:在此肠黏膜表面可见散在黄豆大小,圆形,黄白色,中间凹陷、四周隆起的坏死灶。在坏死灶的外围,黏膜炎性充血,故显红晕(细胞经福尔马林液固定后显色较暗),坏死灶内纤维素渗出物较少,故尚未形成轮层状。

显微镜下:切片组织中央隆起处为溃疡组织,此处肠黏膜上皮、固有膜、黏膜下层及部分肌层均已破坏。坏死组织与渗出的纤维素凝结在一起,呈现均质或网状红染,失去原有结构,坏死灶外周的肠黏膜上皮脱落,黏膜下层充血、出血、大量淋巴细胞及浆细胞浸润,呈现卡他性特征。

(二)鸡新城疫

鸡新城疫是由病毒引起的一种高度接触性传染病,常呈急性败血症经过,主要症状是呼吸困难、下痢、神经紊乱、黏膜和浆膜出血。本病的特征性变化是败血症,表现为全身浆膜、黏膜出血和消化道病变:①腺胃胃腺的排泄口出现脓栓样物,胃腺排泄口外围呈现鲜红色或红色粟粒大小的充血和出血点。②肌胃角质膜剥离后可见有红色斑纹线或点状的充血和出血。③小肠出现卡他性出血性炎症，在肠壁同时出现大小不等、表面覆有坏死性纤维素性病理产物的溃疡。

眼观：（鸡新城疫　纤维素性坏死性肠炎）此标本为鸡新城疫患鸡的肠道黏膜面，可见肠道普遍呈现出血性卡他性炎，还可见散在蚕豆大小的坏死灶，混有多量纤维素（局灶性固膜性炎）。

眼观：（鸡新城疫　鸡冠、腺胃和胸肌）鸡冠出血坏死，皮下组织呈胶冻样，腺胃腺体呈丘状隆起，顶部出血，胸肌出血。

显微镜下：（鸡新城疫　脾脏）脾组织的固有组织轮廓尚可辨认，但在许多白髓内形成均质红染的团块，此即鸡新城疫时脾组织的局限性坏死灶。坏死灶内鞘动脉的内皮细胞肿胀、变圆，甚至脱落，其外膜细胞排列疏松。鞘动脉周围的淋巴组织坏死，严重坏死者互相融合成较大的坏死灶，坏死的细胞呈现胞浆崩解、核碎裂和核消失。坏死灶内及其周围有浆液和纤维素性渗出物。

显微镜下：（鸡新城疫　肾脏）①肾脏的组织结构轮廓仍较清楚，但大多数肾小管上皮细胞之间的界限模糊不清，胞核消失，仅见一均质红染的管状结构，有的肾小管上皮细胞发生颗粒变性。②间质毛细血管扩张充血。③肾小球毛细血管球体积增大，肾小球内毛细血管内皮细胞肿胀和增生，其间并有纤维素性渗出物，有些肾小球的毛细血管扩张充血，肾小囊囊腔狭窄。

（三）鸡马立克氏病

1. 分型

本病的病理特点是淋巴组织增生而形成多形态淋巴细胞瘤。根据病变发生部位分为神经型、内脏型、眼型和皮肤型四种类型。

（1）神经型　疱疹病毒主要侵害外周神经，以侵害坐骨神经最为常见，坐骨神经肿大达正常的2～3倍，呈灰白色或灰黄色。镜检周围神经的病变分三型：第一型病灶为细胞浸润，主要为小淋巴细胞、浆细胞。第二型病灶为明显水肿，水肿液中仅含有少量浆细胞。第三型病灶为大量淋巴细胞浸润所形成的肿瘤性病灶，可见核分裂象。

（2）内脏型　常在一种或多种内脏器官发生淋巴瘤性病灶，增生的淋巴组织呈结节状或弥漫地浸润在器官的实质内。结节呈灰白色肿瘤样，大小如粟粒大至蚕豆大小，切面灰白、平滑，弥漫型则表现为器官增大。如卵巢肿大，其正常结构消失，表面形成很厚的褶皱，呈脑回状。腺胃和肠管表现管壁增厚，法氏囊常发生萎缩。

（3）皮肤型　主要见毛囊部由淋巴细胞增生形成的结节，结节大小不一，呈扁平的麻疹样隆起。

（4）眼型　病变的虹膜，甚至角膜，眼球结膜以及眼神经被大量淋巴细胞浸润，虹膜出现环状或斑点状褪色呈灰白色，故称“白眼病”或“灰眼病”。

2. 病变

眼观：（肉鸡马立克氏病　脾脏、腺胃、肝脏、卵巢）脾脏体积明显增大，颜色灰白。腺胃胃壁明显增厚，质地较硬，在胃壁的切面上见有灰色的瘤块。肝脏和卵巢体积增大，颜色灰白。

显微镜下：（鸡马立克氏病　心肌）①在心肌纤维组织内有大小不等的局灶性肿瘤细胞浸润。②肿瘤病灶内心肌细胞被淋巴瘤细胞取代，心外膜下肿瘤细胞弥漫性浸润，病灶以外的心肌细胞之间亦有多少不等的肿瘤细胞浸润。③肿瘤病灶的淋巴细胞为多形态性，其中有小淋巴细胞、中淋巴细胞、大淋巴细胞、原淋巴细胞。④病灶内尚有数量不等的异嗜性白细胞，病灶内心肌纤维变性、坏死。

(四)鸡白血病

根据病理形态学特点，白血病可以分为四种类型，即淋巴细胞性白血病、成红细胞性白血病、成髓细胞性白血病、骨髓细胞瘤病。在这四种类型中，以淋巴细胞性白血病最为常见。

这次实验仅观察淋巴细胞性白血病的主要病理变化。鸡淋巴细胞性白血病的发病年龄在18周龄以上，病毒首先侵害法氏囊细胞，使其转为肿瘤性细胞，肿瘤细胞离开法氏囊，在全身许多器官形成肿瘤性转移病灶，主要侵害器官是肝、脾、法氏囊，其次是肾、肺、心、骨和肠系膜。

1. 分型

肿瘤病变外观平滑，具有光泽，呈灰白色或淡黄色，切面均匀如脂肪样。根据其分布和形态特点，可将病变分为结节型、粟粒型、弥漫型和混合型四种。

结节型：大小从针头大到鸡蛋大，呈单个或多个分布，结节一般为球形。

粟粒型：为直径不到 2 mm 的小结节，均匀分布在器官实质中。

弥漫型：肿瘤使器官肿大几倍至十几倍，如肝脏高度肿大而形成所谓的“大肝病”。

混合型：以上两种或三种病理变化同时发生。

2. 病变

病理组织学变化：淋巴样肿瘤细胞呈多中心结节状膨胀性生长，结节由成淋巴细胞构成，细胞膜模糊，胞浆嗜碱性，核呈空泡状，染色质紧靠核膜并集聚成块，核内有嗜伊红着色的核仁。法氏囊体积肿大，镜下见淋巴小结增大，其内成淋巴细胞大量增生。

眼观：(鸡淋巴细胞性白血病　肝、脾、心、肾、卵巢)肝脏比正常鸡大数倍，颜色灰白，此即淋巴细胞在组织内弥漫增生的结果。脾脏体积稍增大。心脏变化不明显。肾脏亦因淋巴细胞高度增生致体积肿大数倍，卵巢萎缩呈小结节状。

显微镜下：(鸡淋巴细胞性白血病　肝脏)①肝小叶的固有结构大部分消失，被大量瘤细胞所取代。②瘤细胞呈局灶性分布，多中心膨胀性生长，呈大小不等的瘤细胞结节，由于其不断向外扩张，压迫临近肝实质，使肝细胞萎缩，甚至消失。③瘤细胞由成淋巴细胞组成，细胞的大小、形态比较一致，细胞膜模糊不清，细胞浆嗜碱性，核呈空泡状，染色质紧靠核膜，并聚集成块。④在瘤细胞结节的外围，可见成纤维细胞样组织，此乃残留的窦内皮细胞。⑤靠近瘤细胞结节边缘的肝细胞明显萎缩，其余残留的肝细胞则呈代偿性肥大或发生变性。

显微镜下：(鸡淋巴细胞性白血病　肾脏)①肾组织的固有结构大部分消失，被大量的瘤细胞所取代。②瘤细胞多浸润于肾小管、肾小体之间，与肝脏中的结节性生长似有不同。③瘤细胞与肝脏内所见一致，在瘤细胞之间亦可见到成纤维样细胞。这可能是残留的肾间质。残留的肾小体多呈代偿性肥大，肾小球血管内皮细胞增生。④残留的肾小管上皮多发生颗粒变性或水泡变性，甚至坏死。

四、思考题

- 用箭头标出图 10-A 至图 10-L 的主要病理变化，要求含器官或组织名称＋部位＋病理变化，如：肺脏细支气管黏膜上皮脱落或肺泡腔内中性粒细胞浸润。
- 猪瘟的扣状溃疡属于哪一类炎症？

- 鸡新城疫的典型症状有哪些？
- 鸡马立克氏病临床上有哪几型？

五、鉴别诊断

鸡马立克氏病和鸡淋巴细胞性白血病

二者的鉴别要点见表 10-1。

表 10-1 鸡马立克氏病和鸡淋巴细胞性白血病的鉴别要点

鉴别项目		马立克氏病	淋巴细胞性白血病
病原		疱疹病毒(DNA)	类黏液病毒(RNA)
发病年龄		常发于 6～18 周龄(最早 3 周龄)	常见于 18 周龄以上
临床症状			
	麻痹或不麻痹	经常出现	无
	虹膜混浊	通常有	极少
病理变化			
眼观病变	周围神经和神经节	通常增大	无
	法氏囊	萎缩	常可形成结节状肿瘤
	皮肤和肌肉肿瘤	可能出现	通常无
镜检病变	周围神经	通常有瘤细胞浸润	无瘤细胞浸润
	小脑白质	常可出现“管套现象”	无“管套现象”
	皮肤	毛囊周围有淋巴样细胞浸润	无细胞增生
	法氏囊	滤泡之间有瘤细胞增生	滤泡内有瘤细胞增生
	瘤细胞的类型	多形态的成熟或不成熟的 T 细胞	单一的 B 细胞

实验十一　猪的尸体病理剖检技术

一、尸体剖检的目的和意义

尸体剖检的目的是运用病理学剖检知识，通过检查死亡动物的病理变化，为查出动物死亡原因提供重要客观依据。尸体剖检是兽医诊断疾病的重要手段，许多病理变化明显的疾病，通过尸体剖检便可作出诊断或初步诊断。

尸体剖检的意义有：①尸体剖检首先是临床兽医检验其临床诊断和治疗措施的成败，及时总结经验，提高诊疗质量的方法；②尸体剖检可对群发病进行死后诊断，以便及早提出并采取有效的防治措施；③为科研目的进行的尸体剖检，对积累临床诊断研究资料和探索新的医疗方法有重要作用；④为司法兽医学目的所做的尸体剖检，可为依法判决提供客观依据。随着养殖业的迅速发展和一些新畜种、新品种的引进，临床上常出现一些新病，老病也可能发生新变化，许多动物新疾病的发现，都是在积累大量剖检与临床诊断资料的基础上得到启示，再深入研究而确定的。总之，兽医学的发展离不开尸体剖检。

二、尸体剖检的准备

(一)剖检人员的防护

剖检人员要有明确的自我保护意识，尤其在接触危害人类健康的动物疾病时，要事先采取预防措施，避免被感染。如果发现可疑炭疽病时，不要剖检，只取末梢血或淋巴液涂片染色检查。如确定为炭疽病时，应禁止剖检，防止病原污染环境又难于杀灭。

在进行病理剖检时，如果怀疑待检的家畜已感染的疾病可能对人有接触传染时(如布氏杆菌病、丹毒等)，必须采取严格的卫生预防措施。剖检人员应在剖检前换上工作服、胶靴，戴优质的橡胶手套、帽子、口罩等，在条件许可的条件下最好戴上细粒面具，以防吸入病畜的组织或粪便形成的尘埃等。剖检过程中，应保持清洁和注意消毒，不要用手去抓洁净的物品或去摸自己身体的其他部位如鼻、眼、嘴等，这些可由助手来做。在剖检中，如剖检人员不慎割破自己的皮肤，应立即停止工作，先用清水洗净，挤出污血，立即消毒和包扎，必要时还需注射疫苗或抗生素；如剖检的液体溅入眼中时，应先用清水洗净，再用 20%的硼酸冲洗。剖检后，所用的工作服、剖检用具要清洗干净，消毒后保存。剖检人员可用肥皂或洗衣粉洗手洗脸，再用消毒液冲洗，最后用清水洗净。

(二)尸体的消毒和处理

剖检前应在尸体体表喷洒消毒液，搬运尸体的工具及尸体污染场地也应认真清理消毒。对剖检后的尸体应进行焚烧或深埋。

深埋法：①掩埋地点应远离学校、公共场所、居民住宅区、村庄、动物饲养和屠宰场所、饮用水源地、河流等地区。②坑的长度和宽度能容纳侧卧的尸体即可，坑深不得少于 2 m。③掩埋前应对需掩埋的病死动物尸体和病害动物产品实施病原无害化处理，如采取撒生石灰、消毒剂等措施。④坑底铺 2～5 cm 厚的石灰，将尸体侧卧放入，将污染的土层、捆尸体的绳索一起抛入坑内，然后再铺 2～5 cm 厚的石灰，用土覆盖，覆盖土层厚度不少于 1.5 m，尸体掩埋后，与周围持平，填土不要太实。⑤掩埋后的地表环境应使用 3%～5%的烧碱液喷洒消毒。

焚烧处理：一般应选用专用的焚烧炉，焚烧时应符合环境要求。

(三)病史与流行病学调查

要调查、了解病史、症状、流行病学、临床诊断治疗情况、化验结果、病畜的饲养管理、免疫状况等。

(四)剖检场地的选择

尸体剖检，特别是剖检传染病尸体，一般应在病理剖检室进行，以便消毒和防止病原扩散。如果条件不许可而在室外剖检时，应选择远离人群、畜群、水源、道路、房舍和畜舍，偏僻的地势较高、环境较干燥的地点进行。

(五)常用器械的准备

剥皮刀、剖检刀、脑刀、外科刀、外科剪、肠剪、骨剪、骨钳、镊子、双刃锯、骨锯、骨凿、斧头、阔唇虎头钳、探针、量尺、量杯、注射器与针头、天平、磨刀棒或磨刀石、灭菌平皿、棉拭子、广口瓶、标本瓶、结扎线、乳胶手套、解剖盘等。

(六)常用药品的准备

消毒药常用 3%～5%来苏儿、1%石炭酸、0.2%高锰酸钾液、70%～75%酒精和 3%碘酊等。固定液常用 10%福尔马林溶液。此外，还应准备凡士林、滑石粉、肥皂、纱布等。

剖检防护用具：工作服、胶靴、一次性医用手套或橡胶手套、脸盆或小水桶、消毒剂、肥皂、毛巾等。

三、尸体剖检的步骤

(一)外部检查

在尸体剖检前要对尸体的体表特征进行检查。检查项目包括畜别、品种、性别、年龄、毛色、特征和营养状况等。此外，也要检查死亡姿势与卧位、天然孔、可视黏膜与皮肤的状态和尸征等。

皮肤：注意被毛光泽度、厚度，有无脱毛、褥疮、溃疡、脓肿、创伤、肿瘤、外寄生虫和局部脓肿等。

天然孔：眼、鼻、口、肛门、外生殖器的开闭状态，排出的分泌物、渗出物和排泄物的性状和数量，天然孔黏膜的状态等。

尸体变化：判明尸征有助于判定死亡时间、位置和与病理变化的鉴别。

(二)皮下组织和器官的检查

猪的尸体剖检取背侧卧位，首先将四肢与躯干之间的联系切开，目的是使猪呈背侧卧位，为下一步剖开胸腹腔做准备。后肢切开之前注意周围组织，要切开髋关节的韧带，使后肢平摊在地上。在剖开体腔前可以不剥皮，皮下检查可在切开体腔过程中进行。主要检查皮下是否出血、血管的充盈度、血液的状况；皮下脂肪和肌肉的数量、颜色、质度等；皮下淋巴结如颌下淋巴结、颈浅淋巴结、颈深淋巴结、腹股沟淋巴结、支气管淋巴结、肝淋巴结、肠系膜淋巴结等，要切开检查其结构，看其是否肿大、出血。

(三)内部检查

1.腹腔剖开和腹腔脏器的取出

(1)腹腔剖开　从剑状软骨后方沿白线由前向后至耻骨联合作第一切线，再从剑状软骨沿左右两侧肋骨后缘至腰椎横突作第二、第三切线，使腹壁切成左右两个楔形，使其向两侧翻开，暴露出腹腔，见图11-1。

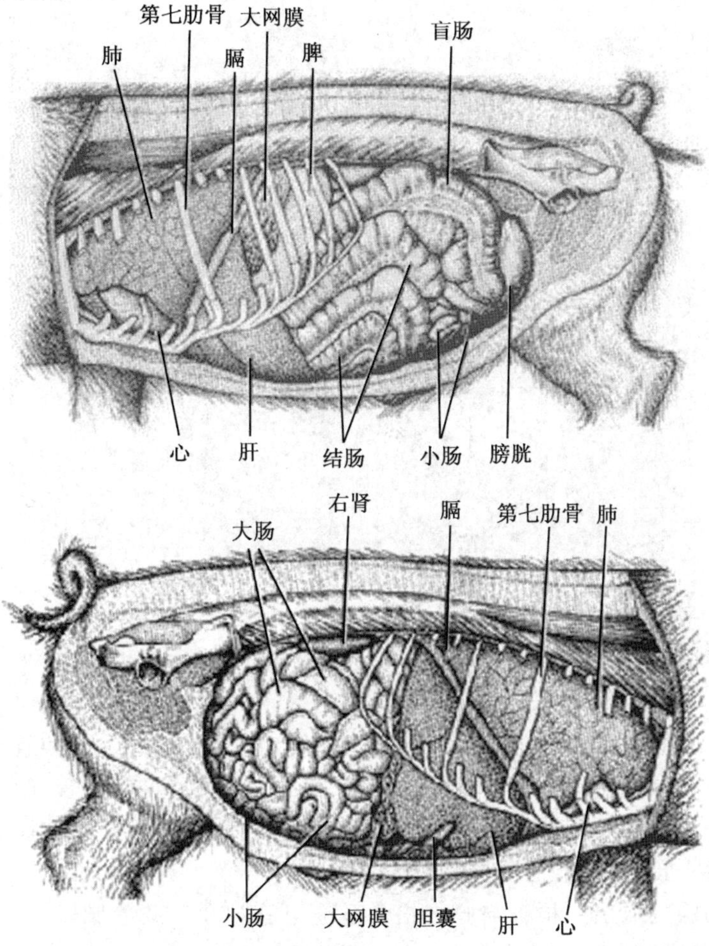

图11-1　猪内脏(上图为左侧，下图为右侧)

(2)脾脏和网膜的取出　在左季肋部找到脾脏，将脾脏提起，在接近脾脏部切断与脾脏相连的网膜和其他组织，取出脾脏，再将网膜从其附着部分分离后采出。

(3)肠的取出　用两手握住大结肠的骨盆曲部，将大结肠引出置于尸体左侧，露出结肠动静脉。再将小结肠全部拉出，置于尸体右侧，使小结肠前部的十二指肠小结肠韧带显露，然后在此韧带的后方即空肠起始部，以及离回盲口约15 cm处，分别作两个双重结扎，并在双重结扎之间切断。握住回肠断端，用刀切离回肠和空肠上的肠系膜，直至十二指肠空肠区，即可取出空肠和回肠。在分离肠系膜过程中,同时检查肠系膜及肠系膜淋巴管、血管和淋巴结的状况,如有无肿胀、出血、坏死等。大肠的取出一般是在骨盆腔口分离出直肠,将其内粪便向头端方向推动后作一结扎,在结扎后方切断直肠。从直肠断端向前方切离肠系膜至前肠系膜根部。分离结肠与十二指肠和胰腺之间的联系,切断前肠系膜根部血管、神经和结缔组织,以及结肠与背部之间的联系,即可取出大肠,见图 11-2。

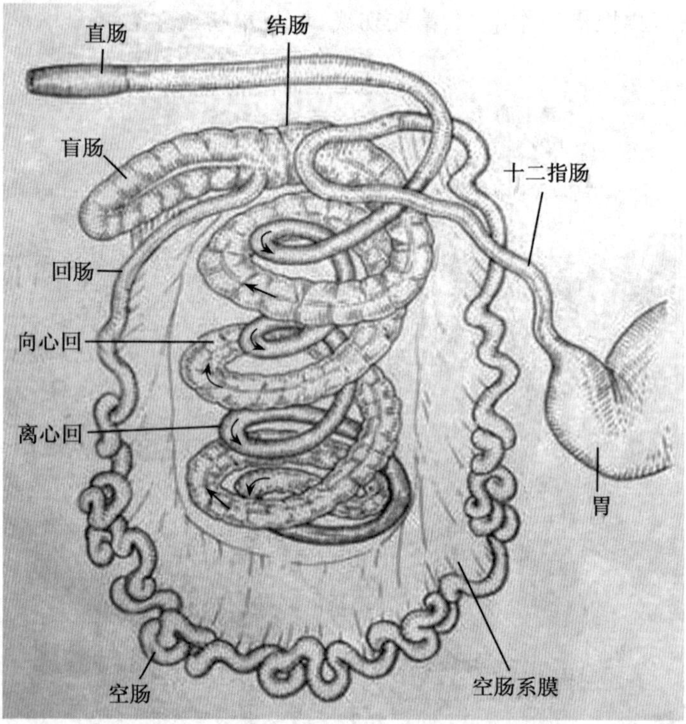

图 11-2 猪肠模式图

(4)胃和十二指肠的取出 检查胃的外观、胰管和胆管的状况。若胰管和胆管无异常,可先切断食道末端,将胃牵引,然后切断胃肝韧带、肝十二指肠韧带、胆管、胰管、十二指肠肠系膜,以及十二指肠与右肾之间的联系,将胃和十二指肠一同取出。胰管和胆管有异常时,可将胃和十二指肠留待与胰腺和肝脏一同采出。

(5)肝脏和胰腺的取出 检查与肝脏相联系的门静脉和后腔静脉,注意其内有无血栓,然后切断肝脏与横膈膜相连的左三角韧带,注意肝与膈之间有无病理性粘连,再切断圆韧带、镰状韧带、后腔静脉、冠状韧带和左三角韧带,即可取出肝脏。胰腺可附于肝脏一起取出,或先自肝脏分离取出。

(6)肾脏和肾上腺的取出 检查肾的动静脉、输尿管和邻近淋巴结,注意血管内有无血栓或动脉瘤。输尿管有病变时,应将整个泌尿系统一起取出,否则可分别取出。切断和剥离肾脏周围的浆膜和结缔组织,切断其血管和输尿管,即可取出肾脏。通常先取左肾,后取右肾。肾上腺连同肾脏一起取出,或分别取出。

2. 骨盆腔脏器的取出

为采出骨盆腔脏器,可伸入长刀,将骨盆中各器官附着于骨盆周壁的组织切断,在肛门和阴门周围作环形切口分离,即可切离直肠与骨盆腔上壁的结缔组织。切离母畜的子宫和卵巢,在骨盆下壁分离膀胱和阴道,然后取出骨盆腔脏器,见图 11-3 和图 11-4。

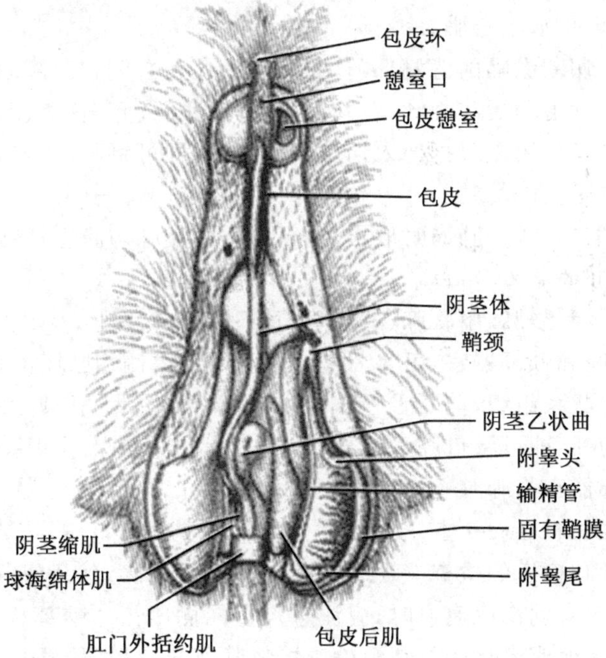

图 11-3　公猪生殖器官

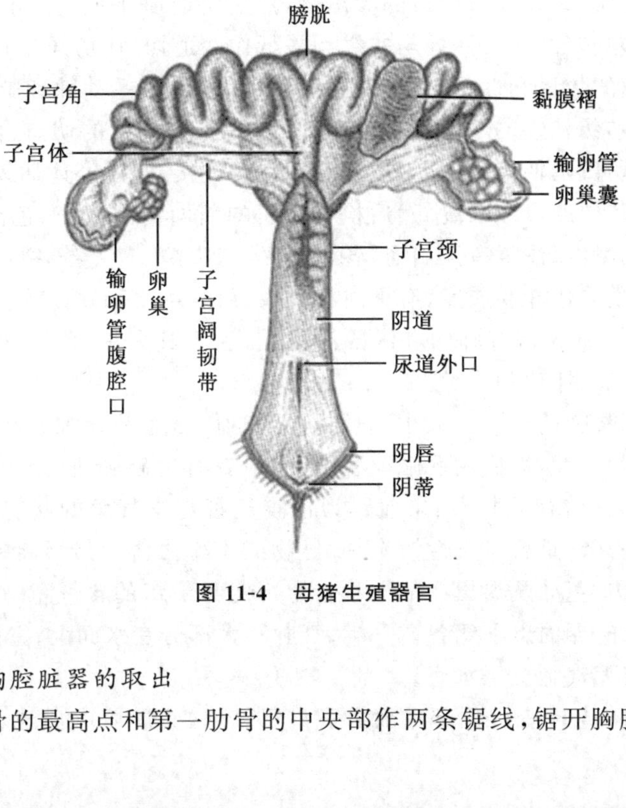

图 11-4　母猪生殖器官

3. 胸腔剖开和胸腔脏器的取出

从两侧最后肋骨的最高点和第一肋骨的中央部作两条锯线,锯开胸腔。用刀切断膈附着部、心包、纵隔与胸骨间的联系，除去锯下的胸壁，即露出胸腔。另一种剖开胸腔的方法是，用刀切断两侧肋骨与肋软骨的结合部，再切离其他软组织，除去腹面胸壁。

(1)心脏的取出　先延长视检心包时所作的切口，露出心脏，检查与心脏相连的各大血管之后，切断所有血管，即可取出心脏。

(2)肺脏的取出　切断纵隔的背侧部与胸主动脉，检查右侧胸腔液的数量和性状。然后在膈的胸腔面切断纵隔、食道和后腔静脉，在胸腔入口处切断气管、食道、前纵隔和血管、神经等，并在气管轮上作一小切口，用左手指伸入切口牵引气管，即可将肺脏取出。当肺膜与胸膜有粘连时，应先检查，再将粘连分开。

胸主动脉可单独取出，或与肺同时取出，也可将胸主动脉与腹主动脉一并分离取出。

4. 口腔和颈部器官的取出

先检查颈部的动脉和静脉、甲状腺、唾液腺(耳下腺和颌下腺)及其导管、颌下和颈部淋巴结的状况。为采出口腔和颈部器官，可将刀尖沿两下颌支内侧切断肌肉，将舌从下颌支间隙内拉出，再分离其周围的联系组织，剪断舌骨支，检查喉囊。然后分离咽、喉头、气管和食道周围组织，至胸腔入口处切断，即可将口腔和颈部器官一并取出。有时为保持咽、喉头、气管和肺的联系，可把口腔与颈部器官与肺脏一同取出。

5. 颈部、胸腔和腹腔脏器的检查

(1)舌、咽喉、气管和食道的检查　舌的检查先观察舌黏膜，然后纵切或横切舌肌，观察断面情况。发现舌的边缘有创伤或疤痕时，应注意检查同侧臼齿。咽部检查应注意其黏膜的状态，扁桃体有无发炎、坏死或者化脓。食道检查可将其剪开，观察黏膜的状况，注意有无局部扩张与狭窄。喉头和气管检查时可将其剪开，注意黏膜状态，其内是否有病理产物或异物。

(2)心脏的检查　先检查心外膜的一般情况和心脏的外形，心脏纵沟和冠状沟脂肪的数量与性状，有无出血、充血、坏死及纤维素的渗出等，然后将心脏平放，左侧向上，心基部在前，心尖在后，在距左纵沟左右各约 1 cm 处与左纵沟平行作两道切口，切开左心室和右心室，检查其内血凝块或未凝血液的数量和性状；再延长两道切口，分别至主动脉和肺动脉的起始部，然后将心脏翻转 180°，沿右纵沟左右 1 cm 处也作两条与右纵沟平行的切口，使切口通过房室口切开左心房和右心房；切口延伸至心尖，与左侧心切口相连接，经过上述切线，心脏全部剖开。心脏切开后，先观察心腔内的血液状况，然后检查心肌的断面情况，注意色泽、厚度和质地；再检查心内膜的色泽和光滑度，注意有无出血；各个瓣膜(二尖瓣、三尖瓣、主动脉瓣和肺动脉瓣)和腱索的状况，注意瓣膜的色泽和质度，有无血栓形成、组织增生和缺损等病变。

(3)肺脏的检查　首先检查肺门和纵隔淋巴结，注意其大小、色泽和质地；然后切开淋巴结，检查有无出血、炎症、坏死和化脓。

检查肺脏时先观察肺的外形与大小，表面有无充血、出血及纤维素渗出，肺膜的色泽与光滑度，有无萎陷或气肿病灶，然后用手触摸各肺叶，检查有无硬肿块、结节，发现病变时可切开检查。检查支气管淋巴结有无肿大、出血。为检查气管与支气管的状况，可将气管树一一剪开，观察黏膜的状况，其内是否有炎性渗出物、异物或寄生虫等。最后将左右肺叶作纵切或横切，检查各切面的结构、色泽及渗出物的性状。为判定肺组织的含气量，可切取小块肺组织投于水中。正常肺在水的界面上下约各占一半；气肿肺大部分在水面上；淤血和水肿肺大部分在水面下；肺炎、实变与无气肺沉于水底。

(4)脾脏的检查　先检查脾门部的血管和淋巴结，检查脾脏的质地、光滑度和有无出血。

猪丹毒时脾脏常肿大，猪瘟时脾脏常有边缘梗死。然后将脾脏作一或两个纵切口，或若干横切口，检查断面，注意红髓与白髓的状态、比例和脾小梁的情况。以刀背刮切面，观察刮脱脾髓的多少。

(5)肝脏和胆囊的检查 先检查肝门部位的血管、胆管和淋巴结，肝脏的重量、大小、色泽、质地和被膜的光滑度及被膜下有无出血、边缘变钝或锐利。然后将肝脏作多个切口，观察切面，注意切面色泽与结构，血管和胆管的状况，断面和血管内流出的血液及胆管内流出的胆汁的性状，胆管内有无寄生虫等。

胆囊的检查主要看浆膜光滑与否，有无纤维素渗出，是否水肿。剪开检查胆汁的数量、颜色，黏膜有无出血、溃疡、坏死和纤维素渗出。

(6)胰腺的检查 先检查胰腺的大小、色泽和质地，然后沿胰腺的长径作纵切，检查切面的状况，必要时用探针插入胰管，并沿着探针剪开，检查管腔内容物和管壁的性状。

(7)肾脏、输尿管和膀胱的检查 先检查肾脏的外形、重量、大小、色泽、质地，再剥离被膜检查是否易剥离，肾表面有无出血点等情况。然后由肾的外侧面向肾门部将肾脏纵切为相等的两半，检查切面皮质和髓质的色泽和厚度以及有无出血、化脓、结石等病变。检查输尿管的粗细，膀胱浆膜有无出血。剪开膀胱检查尿液的颜色、数量、性质，黏膜有无溃疡、出血及结石等。

(8)肾上腺的检查 应注意观察其外形、重量、大小、色泽和质地，然后将其切开，检查皮质、髓质的色泽和厚度以及有无病变。

(9)胃和十二指肠的检查 先观察胃的大小、浆膜面的色泽、胃壁有无破裂与穿孔，再用肠剪由贲门沿大弯剪至幽门。当胃破裂时，破裂口一般靠近大弯，此时应由侧面剪开胃，使破裂口完整保留。胃剪开后，检查胃内容物的颜色、气味、数量与性状、干湿程度；去除胃内容物后再检查胃黏膜有无溃疡、出血、坏死等病变。

十二指肠检查是用肠剪沿肠系膜附着部剪开，检查其内容物的颜色、性状、黏膜有无出血等状态和肠壁厚度等。

(10)小肠和大肠的检查 先观察肠管的粗细，有无臌气、套叠和扭转，肠和浆膜的色泽、有无粘连，然后剪开肠管。小肠、小结肠和直肠沿肠系膜附着处剪开。盲肠沿纵带由盲肠底剪至盲肠尖，大结肠从盲肠口开始，沿大结肠纵带剪开。边剪开肠管边检查，注意肠内容物的数量、性状和气味；有无寄生虫；肠黏膜的状况，注意黏膜的色彩，有无出血、炎症、坏死、溃疡、皱襞和寄生虫；肠壁的厚度等。

6. 盆腔脏器的检查

(1)公畜骨盆腔脏器的检查 先分离直肠断端并进行检查，再检查包皮、龟头。由尿道口沿阴茎腹侧中线至尿道骨盆部将其剪开，暴露盆腔器官，检查膀胱内尿液的数量和色彩，膀胱黏膜的色泽和状态。睾丸和附睾检查时，注意其外形、大小、质地、色泽和切面的情况。将阴茎横切数段进行检查，最后检查输精管、精囊腺、前列腺和尿道球腺等。

(2)母畜骨盆腔脏器的检查 膀胱和尿道检查由膀胱顶端起，沿腹侧中线剪至尿道口，检查内容同前。注意子宫大小、子宫体和子宫角的形状。然后用肠剪沿阴道背中线将其剪开，再剪开子宫颈、子宫体，直至左右子宫角顶端，注意检查其内容物的性质和黏膜面的状况，阔韧带和周围结缔组织的状况。在产后败血症时，要特别注意检查血管、淋巴管和淋巴结的状态。剖检妊娠子宫时，要注意检查胎儿、羊水、胎膜和脐带的性状。输卵管检查采用触摸，必要时可剪开检查。卵巢检查要注意外形、大小、重量、色泽和切面黄体及卵泡的状态。

7. 颅腔的剖开和脑的取出与检查

于第一颈椎部作横切，取下头部。切除颅顶和枕骨髁部附着的肌肉。将头平放，在紧靠额骨颧突后缘一侧左右的部位作一横行锯线，再从枕骨大孔沿颅顶两侧，经颞骨鳞状部作左右两条弧形锯线，使其与上述横锯线的外端相连接，锯时注意勿伤及脑组织。对未全锯断的骨组织，可用骨凿断裂。然后用骨凿插入锯口，揭去颅顶骨，即可暴露颅腔。颅顶揭开后，观察其骨片的厚度及内面的状态。检查硬脑膜表面后沿锯线将其剪开，再检查蛛网膜，注意脑膜下腔液体的数量与性状。用剪刀或外科刀切断颅腔内脑周围的所有神经和血管，细心地取出大脑和小脑，再取出延脑和垂体。

脑的检查：先检查其表面的脑膜情况，注意有无充血、出血及其他病变，脑沟内有无渗出物蓄积，脑沟与脑回的状态。为检查脑的内部情况，可用湿刀沿左右两大脑半球之间的纵沟自前向后将脑切成两半。然后检查脉络丛和脑室的状态。再将左右两半脑组织作若干平行横切，切线相距 2～3 cm，检查脑质的湿度、白质与灰质的色泽和质地。脑垂体检查，要注意其大小、形状、质地、色泽和切面情况。因操作时容易损坏脑组织，可在固定后切开检查。脑的病理变化主要是依靠组织学检查。

8. 鼻腔的剖开检查

脑组织取出后，于距头骨正中线 0.5 cm 处纵行锯开，把头骨分成两半，其中一半带有鼻中隔，用力将鼻中隔沿其附着部切下，检查鼻中隔和鼻黏膜的色泽、外形，有无出血、结节和溃疡。必要时在额骨部横行锯线，检查额窦和鼻旁窦。

9. 脊椎管的剖开和脊髓的取出与检查

切除脊柱背侧棘突与椎弓上的软组织，用锯在棘突两边将椎弓锯开，用骨凿掀起已分离的椎弓部，即露出脊髓。先检查脊髓硬膜，注意脊髓液的性状和数量，再切断与脊髓相连的神经，切断脊髓的上、下两端，即可将所分离的脊髓取出。脊髓检查要注意软脊膜状况和脊髓的色泽、外观与质地，再将脊髓作多个横切，检查切面上灰质、白质和中央管的状况。

10. 肌肉和关节的检查

肌肉检查，通常只对眼观有明显变化的部分进行，观察时注意其色泽、硬度和病变性质等。对某些有明显肌肉病变的疾病，如白肌病、气肿疽和恶性水肿等，检查肌肉十分重要。

关节检查，可切开关节囊，观察关节液的数量、性质和关节软骨表面的状态。

11. 骨和骨髓的检查

骨骼检查主要是针对有骨骼疾患的病例，如患有骨炎、骨坏死、骨折、骨软症、佝偻病和放线菌病等的病畜。检查时注意骨的硬度和断面性状。骨髓检查对诊断造血系统疾病极为重要。可将长骨沿纵轴锯开，注意骨干和骨端的形态，红骨髓和黄骨髓的比例、性质与分布。或在股骨中央部作相距 2 cm 的两个横锯线，锯至全厚的 2/3 时，用骨凿除去锯线内的骨质，露出骨髓进行检查。还可挖取骨髓作切片或触片观察。

四、思考题

- 动物尸体剖检的意义有哪些？
- 动物尸体剖检前应做哪些准备工作？
- 动物尸体剖检中应注意哪些事项？

● 动物尸体剖检中如何才能做到如实反映尸体的病理变化，防止病原扩散和剖检人员自身感染？

● 如何鉴别尸斑与淤血、血栓与血凝块？

附：尸体剖检记录的编写

尸体剖检记录是诊断的依据，也是法律上的依据，所以记录要做好。记录内容见下表。

动物尸体剖检记录

畜主	姓名		电话		单位		剖检号	
畜别	品种		性别		年龄		特征	
临床摘要及临床诊断	（包括发病史，流行病学，临床诊断为何病，做过何治疗、何化验，结果如何，饲养管理情况，免疫情况等）							
死亡日期	年　月　日							
剖检地点		剖检时间	年　月　日　时					
剖检所见	（剖检所见病理变化）							
器官病理解剖学诊断	（器官病理诊断就是在描述基础上确定病的实质。用器官诊断术语或名词写，如支气管肺炎、胃肠炎、淋巴结结核、肝硬化等）							
结论	（有的可得出结论，有的得不出结论。一级结论，如猪瘟、禽流感；二级结论，得不出病，如肝炎、肺炎；三级结论，XX 出血、XX 水肿；四级结论，无结果）							
材料处理	大体标本		切片标本		照相			
剖检者								
年　月　日　时								

尸体剖检记录要求完整详尽，图文并茂，重点突出，描述客观。描述客观要做到七个字：色、形、体、位、量、质、味。色有主次深浅，形有方圆点片，体有大小厚薄，位有里表正曲，量有多少轻重，质有硬软松实，味有香臭腥酸。病变描述要达到定量、定性、定位的“三定”。

实验十二　羊的尸体病理剖检技术

一、试验目的和要求

通过本试验认识牛羊等反刍类动物(以羊为例)的主要组织器官的解剖学部位、正常或病变器官的基本形态学特征。

二、尸体剖检的准备

(一)剖检人员的防护

剖检人员要有明确的自我保护意识,尤其在接触危害人类健康的动物疾病时,要事先采取预防措施,避免被感染。如果发现可疑炭疽病时,不要剖检,只取末梢血或淋巴液涂片染色检查。如确定为炭疽病时,应禁止剖检,防止病原污染环境又难于杀灭。

在进行病理剖检时,如果怀疑待检的家畜已感染的疾病可能对人有接触传染时(如结核、布氏杆菌病等),必须采取严格的卫生预防措施。剖检人员应在剖检前换上工作服、胶靴,戴优质的橡胶手套、帽子、口罩等,在条件许可的条件下最好戴上细粒面具,以防吸入病畜的组织或粪便形成的尘埃等。剖检过程中,应保持清洁和注意消毒,不要用手去抓洁净的物品或去摸自己身体的其他部位如鼻、眼、嘴等,可由助手来做。在剖检中,如剖检人员不慎割破自己的皮肤,应立即停止工作,先用清水洗净,挤出污血,立即消毒和包扎,必要时还需注射疫苗或抗生素;如剖检的液体溅入眼中时,应先用清水洗净,再用 20%的硼酸冲洗。剖检后,所用的工作服、剖检用具要清洗干净,消毒后保存。剖检人员可用肥皂或洗衣粉洗手洗脸,再用消毒液冲洗,最后用清水洗净。

(二)尸体的消毒和处理

剖检前应在尸体体表喷洒消毒液,搬运尸体的工具及尸体污染场地也应认真清理消毒。对剖检后的尸体应进行焚烧或深埋。

深埋法:①掩埋地点应远离学校、公共场所、居民住宅区、村庄、动物饲养和屠宰场所、饮用水源地、河流等地区。②坑的长度和宽度能容纳侧卧的尸体即可,坑深不得少于 2 m。③掩埋前应对需掩埋的病死动物尸体和病害动物产品实施病原无害化处理,如采取撒生石灰、消毒剂等措施。④坑底铺 2～5 cm 厚的石灰,将尸体侧卧放入,将污染的土层、捆尸体的绳索一起抛入坑内,然后再铺 2～5 cm 厚的石灰,用土覆盖,覆盖土层厚度不少于 1.5 m,尸体掩埋后,与周围持平,填土不要太实。⑤掩埋后的地表环境应使用 3%～5%的烧碱液喷洒消毒。

焚烧处理:一般应选用专用的焚烧炉,焚烧时应符合环境要求。

(三)病史与流行病学调查

要调查、了解病史、症状、流行病学、临床诊断治疗情况、化验结果、病畜的饲养管理、免疫状况等。

(四)剖检场地的选择

尸体剖检,特别是剖检传染病尸体,一般应在病理剖检室进行,以便消毒和防止病原扩散。如果条件不许可而在室外剖检时,应选择远离人群、畜群、水源、道路、房舍和畜舍,偏僻的地势较高、环境较干燥的地点进行。

(五)常用器械的准备

剥皮刀、剖检刀、脑刀、外科刀、外科剪、肠剪、骨剪、骨钳、镊子、双刃锯、骨锯、骨凿、斧头、阔唇虎头钳、探针、量尺、量杯、注射器与针头、天平、磨刀棒或磨刀石、灭菌平皿、棉拭子、广口瓶、标本瓶、结扎线、乳胶手套、解剖盘等。

(六)常用药品的准备

消毒药常用3%～5%来苏儿、1%石炭酸、0.2%高锰酸钾液、70%～75%酒精和3%碘酊等。固定液常用10%福尔马林液。此外,还应准备凡士林、滑石粉、肥皂、纱布等。

剖检防护用具:工作服、胶靴、一次性医用手套或橡胶手套、脸盆或小水桶、消毒剂、肥皂、毛巾等。

三、尸体剖检的步骤

牛羊等反刍类动物的尸体剖检,通常采取左侧卧位,以便观察腹腔脏器。牛羊的胃肠道器官较大,结构复杂,要重点检查。

(一)体表检查

羊体表结构见图12-1。在尸体剖检前要对尸体的体表特征进行检查,一般包括畜别、品种、性别、年龄、毛色、特征、死亡姿势与卧位等。重点检查口、鼻等天然孔的开闭状态,排出的分泌物和排泄物的性状和数量,天然孔黏膜、可视黏膜等是否充血、出血,体表营养状况,腹围是否增大。检查蹄、皮肤、乳房有无肿块、出血斑块,有无羊痘和口蹄疫等病变。

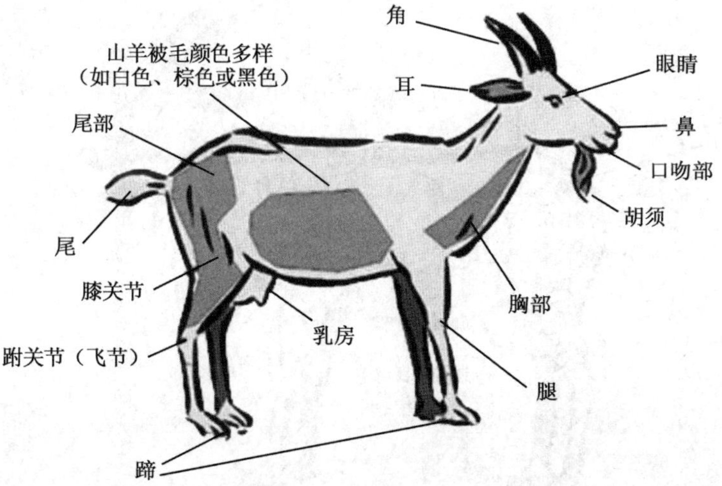

图12-1　母羊体表结构

(二)剥皮及皮下组织的检查

1. 剥皮

将尸体仰卧,在下颌间隙沿腹线至肛门切开皮肤,遇乳房和生殖器时作环切绕开,把皮肤留在乳房或生殖器上,最后切除乳房。再在四肢的系部作一环切,沿四肢内侧的正中线切开皮肤,然后进行皮肤的剥离。传染病尸体一般不剥皮。

2. 皮下检查

主要检查皮下是否出血、血管的充盈度;皮下脂肪、肌肉的数量、颜色、质度等;皮下淋巴结如颌下淋巴结、颈浅淋巴结、颈深淋巴结、腹股沟淋巴结、支气管淋巴结、肝淋巴结、肠系膜淋巴结等,要切开检查其结构,看是否肿大、出血。

(三)内部检查

剥皮之后,采用左侧卧位。在胸腹腔打开之前,先把右侧的前后肢去掉。切离的方法是将前肢或后肢向背侧牵引,切断肢内侧肌肉、关节囊、血管、神经和结缔组织,再切离其外、前、后三方向肌肉即可取下。

1. 胸腹腔的剖开

(1)腹腔的剖开　从肷窝向耻骨前缘作一切线切开腹腔,再沿肋骨弓向前至胸软骨和剑状软骨区,暴露腹腔。切开腹腔后,检查有无腹膜炎、腹水、腹腔积血、肠变位等异常情况。

(2)胸腔的剖开　锯开胸腔前,先检查肋骨的高低及肋骨与肋软骨结合部的状态。然后在肋骨与胸骨的连接处锯断,沿肋软骨部切断,再切断横膈膜,暴露出整个胸腔,注意胸腹腔的位置,是以横膈膜为标志。锯开胸腔后,注意检查胸腔液的量和性状,胸膜的色泽,有无充血、出血、粘连、纤维素渗出等。

2. 腹腔脏器的取出

羊消化系统结构见图 12-2。剖开腹腔后,在剑状软骨区可见到网胃,右侧肋骨后缘部为肝脏、胆囊和皱胃,右肷窝部可见盲肠,其余脏器均被网膜覆盖。剪开大网膜暴露出瘤胃,剪开小网膜暴露出小肠,然后进行结扎。

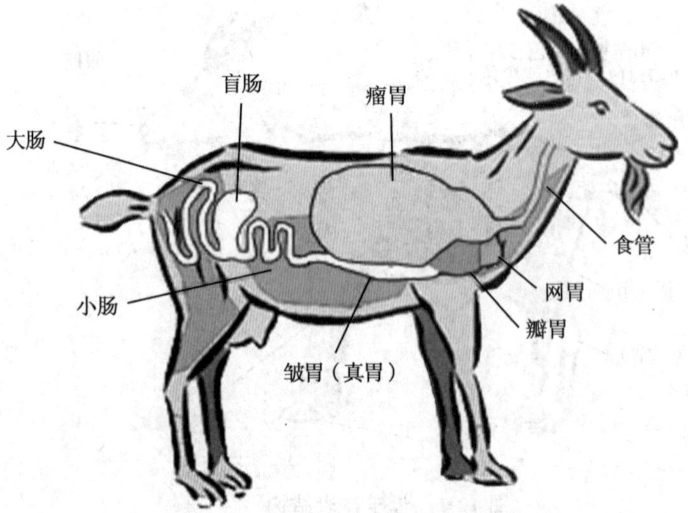

图 12-2　羊消化系统模式图

(1)小肠的摘离　在皱胃的后部与十二指肠的起始部作一双结扎,从结扎间切断。提起盲肠的盲端,沿盲肠体向前,在三角形的回盲韧带处分离一段回肠,在距盲肠约15 cm处,将回肠作一双重结扎,从结扎间切断,即可取出小肠。取小肠的同时,要边切边检查肠系膜、肠系膜淋巴管、血管和淋巴结等有无肿胀、出血、坏死等。

(2)大肠的摘离　在骨盆腔口分离出直肠,将其内粪便向头端方向推动后作一单结扎,在结扎后方切断直肠。从直肠断端向前方切离肠系膜至前肠系膜根部。分离结肠与十二指肠、胰腺之间的联系,切断前肠系膜根部血管、神经和结缔组织,以及结肠与背部之间的联系,即可取出大肠。

(3)胃的剥离和摘除　检查胃的外观,胰管和胆管的状况。若胰管和胆管无异常,沿横膈膜向下找到食管,先在食管表面肌肉作一环切,进行单结扎,并在结扎的前端切断食管。在胃的背侧用钝剥离法剥离开胃与背部的联系,切断脾膈韧带,取出胃和脾脏。

(4)肝脏和胰腺的摘除　检查与肝脏相联系的门静脉和后腔静脉,注意其内有无血栓。然后切断肝脏与横膈膜相连的左三角韧带,注意肝与膈之间有无病理性粘连,再切断肝膈韧带、肝肾韧带、后腔静脉,即可取出肝脏。胰腺可附于肝脏一起取出,或先自肝脏分离取出。

(5)肾脏和肾上腺的取出　检查肾的动静脉、输尿管和邻近淋巴结,注意血管内有无血栓或肿瘤。输尿管有病变时,应将整个泌尿系统一起取出,否则可分别取出。切断和剥离肾脏周围的浆膜和结缔组织,切断其血管和输尿管,即可取出肾脏。通常先取左肾,后取右肾。肾上腺连同肾脏一起取出,或分别取出。

3.骨盆腔脏器的取出

为采出骨盆腔脏器,可伸入长刀,将骨盆中各器官附着于骨盆周壁的组织切断,在肛门和阴门周围作环形切口分离,即可切离直肠与骨盆腔上壁的结缔组织,切离母畜的子宫和卵巢,在骨盆下壁分离膀胱和阴道,然后取出骨盆腔脏器。

4.胸腔脏器和气管的取出

将刀尖沿两下颌支内侧切断肌肉,将舌从下颌支间隙内拉出,再分离其周围的联系组织,剪断舌骨支,检查喉囊。然后分离咽、喉头、气管和食道周围组织,为保持咽、喉头、气管和肺的联系,可把口腔与颈部器官与肺脏一同取出。切断纵隔,即可取出心脏等胸腔器官。当肺膜与胸膜有粘连时,应先检查,再将粘连分开。

5.颈部、胸腔和腹腔脏器的检查

(1)舌、咽喉、气管和食道的检查　舌的检查先观察舌黏膜,然后纵切或横切舌肌,观察断面情况。发现舌的边缘有创伤或疤痕时,应注意检查同侧臼齿。咽部检查应注意其黏膜的状态,扁桃体有无发炎、坏死或化脓。食道检查可将其剪开,观察黏膜的状况,注意有无局部扩张与狭窄。喉头和气管检查时可将其剪开,注意黏膜状态,其内是否有病理产物或异物。

(2)心脏的检查　先检查心外膜的一般情况和心脏的外形,心脏纵沟和冠状沟脂肪的数量与性状,有无出血、充血、坏死及纤维素的渗出等,然后将心脏平放,左侧向上,心基部在前,心尖在后,于距左纵沟左右各约1 cm处与左纵沟平行作两道切口,切开左心室和右心室,检查其内血凝块或未凝血液的数量和性状;再延长两道切口,分别至主动脉和肺动脉的起始部,然后将心脏翻转180°,沿右纵沟左右1 cm处也作两条与右纵沟平行的切口,使切口通过房室口切开左心房和右心房;切口延伸至心尖,与左侧心切口相连接,经过上述切线,心脏全部剖开。

心脏切开后,先观察心腔内的血液状况,然后检查心肌的断面情况,注意色泽、厚度和质地;再检查心内膜的色泽和光滑度,注意有无出血;各个瓣膜(二尖瓣、三尖瓣、主动脉瓣和肺动脉瓣)和腱索的状况,注意瓣膜的色泽和质度,有无血栓形成、组织增生和缺损等病变。

(3)肺脏的检查　首先检查肺门和纵隔淋巴结,注意其大小、色泽和质地;然后切开淋巴结,检查有无肿胀、出血、坏死和化脓等。

检查肺脏时先观察肺的外形与大小,表面有无充血、淤血及纤维素渗出,肺膜的色泽与光滑度,有无萎陷或气肿病灶,然后用手触摸各肺叶,检查有无硬肿块、结节,发现病变时可切开检查。检查支气管淋巴结有无肿大、出血。为检查气管与支气管的状况,可将气管树一一剪开,观察黏膜的状况,其内是否有炎性渗出物、异物或寄生虫、出血等。最后将左右肺叶作纵切或横切,检查各切面的结构、色泽及渗出物的性状。为了判定肺组织的含气量,可切取小块肺组织投于水中。正常肺在水的界面上下约各占一半;气肿肺大部分在水面上;淤血和水肿肺大部分在水面下;肺炎、实变与无气肺沉于水底。

(4)脾脏的检查　先检查脾门部的血管和淋巴结,检查脾脏质地、光滑度和有无出血等,然后将脾脏作一或两个纵切口,或若干横切口,检查断面,注意红髓与白髓的状态、比例和脾小梁的情况。以刀背刮切面,观察刮脱脾髓的多少。

(5)肝脏和胆囊的检查　先检查肝门部位的血管、胆管和淋巴结,肝脏的重量、大小、色泽、质地和被膜的光滑度及被膜下有无出血、边缘变钝或锐利。然后将肝脏作多个切口,观察切面,注意切面色泽与结构、血管和胆管的状况、断面和血管内流出的血液及胆管内流出胆汁的性状,胆管内有无寄生虫等。

胆囊的检查主要看浆膜是否光滑,有无纤维素渗出,是否水肿。剪开检查胆汁的数量、颜色,黏膜有无出血、溃疡、坏死和纤维素渗出。

(6)胰腺的检查　先检查胰腺的大小、色泽和质地,然后沿胰腺的长径作纵切,检查切面的状况,必要时用探针插入胰管,并沿着探针剪开,检查管腔内容物和管壁的性状。

(7)肾脏、输尿管和膀胱的检查　先检查肾脏的外形、重量、大小、色泽、质地,再剥离被膜检查是否易剥离,肾脏表面有无出血点等情况。然后由肾脏的外侧面向肾门部将肾脏纵切为相等的两半,检查切面皮质和髓质的色泽和厚度以及有无出血、化脓、结石等病变。检查输尿管的粗细,膀胱浆膜有无出血。剪开膀胱检查尿液的颜色、数量、性质,黏膜有无溃疡、出血及结石等。

(8)肾上腺的检查　注意观察其外形、重量、大小、色泽和质地,然后将其切开,检查皮质、髓质的色泽和厚度以及病变。

(9)母畜乳房的检查　先检查乳房皮肤、乳头状况,然后剥皮检查乳腺,切开乳腺观察实质,注意有无出血、结节、化脓及乳腺的质度。剪开乳管,检查乳管黏膜的状况,注意乳管、乳池内有无出血、化脓、坏死等病变。

(10)消化道的检查　①食管的检查。剪开食管,检查食管黏膜的状态,观察有无出血、寄生虫等。②胃的检查。先观察胃的大小、浆膜面的色泽,再依次沿皱胃的小弯剪开,网胃的大弯剪开,瓣胃的大弯剪开,瘤胃的背囊大弯和腹囊大弯分别剪开,沿食管和右侧的纵沟剪开。然后进行胃内容物和胃黏膜的检查:皱胃注意有无寄生虫和胃黏膜溃疡、出血;瓣胃注意其内容物有无干固、梗塞;网胃注意其内容物有无异物,有无尖锐物造成的创伤;瘤胃注意其内容物的性状及黏膜上有无出血、坏死、溃疡等病变。③肠的检查。先检查肠系膜淋巴结是否肿大,切开后观察其是否出血等。十二指肠检查是用肠剪沿肠系膜附着部剪开,检查其内容物的颜色、性状，黏膜有无出血和肠壁厚度等。然后观察小肠和大肠的粗细，有无臌气、套叠和扭转，肠和浆膜的色泽，有无粘连，然后剪开肠管。小肠、小结肠和直肠沿肠系膜附着处剪开。盲肠沿纵带由盲肠底剪至盲肠尖，大结肠从盲肠口开始，沿大结肠纵带剪开。边剪开肠管边检查，注意肠内容物的数量、性状和气味，有无寄生虫，检查肠黏膜的状况，注意观察黏膜的色彩，有无出血、炎症、坏死、溃疡、寄生虫和肠壁的厚度等。

6. 盆腔脏器的检查

(1)公畜骨盆腔脏器的检查　先分离直肠断端并进行检查，再检查包皮、龟头。由尿道口沿阴茎腹侧中线至尿道骨盆部将其剪开，暴露盆腔器官，检查膀胱内尿液的数量和色彩，膀胱黏膜的色泽和状态。睾丸和附睾检查，注意其外形、大小、质地、色泽和切面的情况。将阴茎横切数段进行检查，最后检查输精管、精囊腺、前列腺和尿道球腺等。

(2)母畜骨盆腔脏器的检查　膀胱和尿道检查由膀胱顶端起，沿腹侧中线剪至尿道口，检查内容同前。注意子宫大小、子宫体和子宫角的形状。然后用肠剪沿阴道背中线将其剪开，再剪开子宫颈、子宫体，直至左右子宫角顶端，注意检查其内容物的性质和黏膜面的状况，阔韧带和周围结缔组织的状况。在产后败血症时，要特别注意检查血管、淋巴管和淋巴结的状态。剖检妊娠子宫时，要注意检查胎儿、羊水、胎膜和脐带的性状。输卵管检查采用触摸，必要时可剪开检查，卵巢检查要注意外形、大小、重量、色泽、切面及卵泡的状态。

7. 颅腔的剖开和脑的取出与检查

(1)颅腔的剖开　在寰枕关节处切断头部，然后剥皮，再锯开颅腔。锯开的方法是：将头平放，在两眼眶上缘锯一条横线，再从两侧眶骨弓后缘经犄角与眼眶之间锯一条线，向前伸与第一条横行锯线交叉，然后从枕骨大孔外侧斜向前方直达眶骨弓内侧底锯开，最后用凿撬开顶骨，暴露出大脑。

(2)脑的取出　剪开硬脑膜，再检查蛛网膜，注意脑膜下腔液体的数量与性状。然后进行脑组织的原位检查。竖起羊头，用剪刀剪断嗅叶，慢慢剥离大脑，剪断神经交叉，剪断十二对脑神经和血管，即可摘除脑组织。

(3)脑的检查　先检查其表面的脑膜情况，注意有无充血、出血、坏死、化脓等病变，脑沟内有无渗出物蓄积，脑沟与脑回的状态。

为检查脑的内部情况，可用湿刀沿左右两大脑半球之间的纵沟自前向后将脑切成两半。然后检查胼胝体、脉络丛、脑室。再将左右两半脑组织作若干平行横切，切线相距 2～3 cm，检查脑质的湿度、白质与灰质的色泽和质地。脑垂体检查，注意其大小、形状、质地、色泽和切面情况。因操作时容易损坏脑组织，可在固定后切开检查。脑的病变主要是依靠组织学检查。

8. 鼻腔的剖开检查

脑组织取出后，于距头骨正中线 0.5 cm 处纵行锯开，把头骨分成两半，其中一半带有鼻中隔，用力将鼻中隔沿其附着部切下，检查鼻中隔和鼻黏膜的色泽、外形，有无出血、结节和溃疡。必要时在额骨部横行锯线，检查额窦和鼻旁窦。

9. 脊椎管的剖开和脊髓的取出与检查

切除脊柱背侧棘突与椎弓上的软组织，用锯在棘突两边将椎弓锯开，用骨凿掀起已分离的椎弓部，即露出脊髓。先检查脊髓硬膜，注意脊髓液的性状和数量，再切断与脊髓相连的神经，切断脊髓的上、下两端，即可将所分离的脊髓取出。脊髓检查要注意软脊膜状况和脊髓的色泽、外观与质地，再将脊髓作多个横切，检查切面上灰质、白质和中央管的状况。

10. 肌肉和关节的检查

肌肉检查，通常只对眼观有明显变化的部分进行，注意其色泽、硬度和病变性质等。对某些有明显肌肉病变的疾病，如白肌病、气肿疽和恶性水肿等，检查肌肉十分重要。

关节检查，可切开关节，观察关节囊、关节腔、关节液的数量、性质及关节软骨表面的状态。

11. 骨和骨髓的检查

骨骼检查主要是针对有骨骼疾患的病例，如患有骨炎、骨坏死、骨折、骨软症、佝偻病和放线菌病的病畜等。检查时注意骨的硬度和断面性状。

骨髓检查对诊断造血系统疾病极为重要。可将长骨沿纵轴锯开，注意骨干和骨端的形态，红骨髓和黄骨髓的比例、性质与分布。或在股骨中央部作相距 2 cm 的两个横锯线，锯至全厚的 2/3 时，用骨凿除去锯线内的骨质，露出骨髓进行检查。还可挖取骨髓作切片或触片观察。

四、思考题

- 羊的尸体剖检应向哪侧倒卧？为什么？
- 怎样取出羊的腹腔器官？
- 如何鉴别生前臌气与死后臌气？

实验十三　鸡的尸体病理剖检技术

一、试验目的和要求

通过本试验认识禽类(以鸡为例)的主要组织器官的解剖学部位、正常或病变器官的基本形态学特征。

二、尸体剖检的准备

(一)剖检人员的防护

剖检人员要有明确的自我保护意识,尤其在接触危害人类健康的动物疾病时,要事先采取预防措施,避免被感染。如果发现可疑高致病性禽流感时,不要剖检,只取少量血清做血凝抑制试验,如确定为致病性禽流感时,应禁止剖检,防止病原污染环境又难于杀灭。

在进行病理剖检时,如果怀疑待检的家畜已感染的疾病可能对人有接触传染时(如新城疫、禽流感等),必须采取严格的卫生预防措施。剖检人员应在剖检前换上工作服、胶靴,戴优质的橡胶手套、帽子、口罩等,在条件许可的条件下最好戴上细粒面具,以防吸入病畜的组织或粪便形成的尘埃等。剖检过程中,应保持清洁和注意消毒,不要用手去抓洁净的物品或去摸自己身体的其他部位如鼻、眼、嘴等,可由助手来做。在剖检中,如剖检人员不慎割破自己的皮肤,应立即停止工作,先用清水洗净,挤出污血,立即消毒和包扎,必要时还需注射疫苗或抗生素;如剖检的液体溅入眼中时,应先用清水洗净,再用 20%的硼酸冲洗。剖检后,所用的工作服、剖检用具要清洗干净,消毒后保存。剖检人员可用肥皂或洗衣粉洗手洗脸,再用消毒液冲洗,最后用清水洗净。

(二)尸体的消毒和处理

剖检前应在尸体体表喷洒消毒液,搬运尸体的工具及尸体污染场地也应认真清理消毒。对剖检后的尸体应进行焚烧或深埋。

深埋法:①掩埋地点应远离学校、公共场所、居民住宅区、村庄、动物饲养和屠宰场所、饮用水源地、河流等地区。②坑的长度和宽度能容纳侧卧的尸体即可,坑深不得少于 2 m。③掩埋前应对需掩埋的病死动物尸体和病害动物产品实施病原无害化处理,如采取撒生石灰、消毒剂等措施。④坑底铺 2~5 cm 厚的石灰,将尸体侧卧放入,将污染的土层、捆尸体的绳索一起抛入坑内,然后再铺 2~5 cm 厚的石灰,用土覆盖,覆盖土层厚度不少于 1.5 m,尸体掩埋后,与周围持平,填土不要太实。⑤掩埋后的地表环境应使用 3%~5%的烧碱液喷洒消毒。

焚烧处理:一般应选用专用的焚烧炉,焚烧时应符合环境要求。

(三)病史与流行病学调查

要调查、了解病史、症状、流行病学、临床诊断治疗情况、化验结果、病畜的饲养管理、免疫状况等。

(四)剖检场地的选择

尸体剖检,特别是剖检传染病尸体,一般应在病理剖检室进行,以便消毒和防止病原扩散。如果条件不许可而在室外剖检时,应选择远离人群、畜群、水源、道路、房舍和畜舍,偏僻的地势较高、环境较干燥的地点进行。

(五)常用器械的准备

剖检刀、外科剪、骨剪、镊子、量尺、量杯、注射器与针头、天平、磨刀棒或磨刀石、灭菌平皿、棉拭子、广口瓶、标本瓶、乳胶手套、解剖盘等。

(六)常用药品的准备

消毒药常用3%～5%来苏儿、1%石炭酸、0.2%高锰酸钾液、70%～75%酒精和3%碘酊等。固定液常用10%福尔马林液。此外,还应准备凡士林、滑石粉、肥皂、纱布等。

剖检防护用具:工作服、胶靴、一次性医用手套或橡胶手套、脸盆或小水桶、消毒剂、肥皂、毛巾等。

三、尸体剖检的步骤

(一)外部检查

1. 皮肤的检查

鸡体表结构见图13-1。先观察全身羽毛的状况,是否有光泽,有无污染、蓬乱、脱毛等。观察冠、肉髯的颜色、厚度,有无痘或皮疹,嗉囊部位和腹壁皮肤的色泽,翅部皮肤有无出血与坏死,鸡爪皮肤有无鳞片脚病和足底瘤。最后触摸腹部有无变软或积有液体。

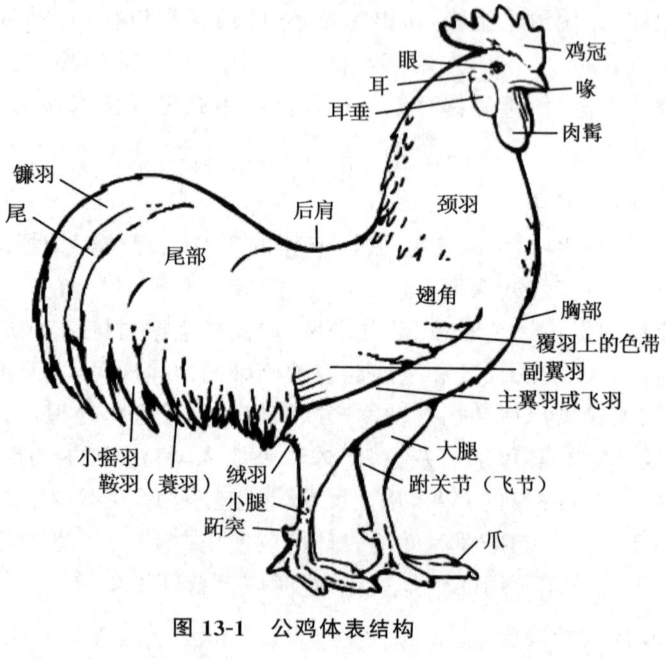

图13-1　公鸡体表结构

2. 天然孔检查

注意口、鼻和眼分泌物的数量及状况。检查鼻窦，可用剪刀在鼻孔前将喙的上颌横向剪断，以手稍按压鼻部，注意其分泌物的数量和形状。泄殖腔检查应注意周围羽毛有无粪便污染，泄殖腔黏膜的形态，内容物的性状。

3. 关节检查

检查各关节有无肿胀、变形，趾部有无坏死和溃疡。

4. 营养状况检查

用手触摸胸骨两侧肌肉的丰满度及龙骨的隆突情况，注意龙骨有无弯曲变化，以确定营养状况。

(二)内部检查

剖检前先用消毒液或清水将鸡全身羽毛浸润，以防剖检时有绒毛、尘埃飞扬，或寄生虫的外爬。切开大腿与腹侧连接的皮肤，用力将大腿向下翻压，直至两髋关节脱臼，使禽体呈背卧位平放。

1. 体腔的剖开和器官的取出

(1)体腔剖开　从喙角沿体中线至胸骨前方剪开皮肤，并向两侧分离。在泄殖孔前的皮肤作一横切线，由此切线两端沿腹壁两侧至胸壁作两垂直切线。从横切线处开始分离皮肤，将腹部和胸部皮肤整片分离至胸骨前方，然后剪去。注意检查皮下组织有无充血、出血、水肿、坏死等病变，注意胸部肌肉的丰满程度、颜色，有无出血坏死，观察龙骨是否变形、弯曲。有时还要剥离两侧大腿的皮肤，检查大腿肌肉有无出血。再按上述皮肤切线剪下和去掉腹壁肌肉；用骨剪自后向前将肋骨、乌喙骨和锁骨一一剪断，将胸骨向前上方翻转，切断周围软组织，去掉胸骨，即可暴露整个体腔。

(2)体腔视检　注意检查各部位的气囊。气囊由浆膜构成，透明、菲薄、有光泽。气囊膜混浊增厚，或表面被覆渗出物或有增生物均为异常状态。注意体腔内液体的数量与性状，体腔内各脏器表面的状态。

(3)内脏器官的取出　先将心脏连同心包剪离，再取出肝。腺胃、肌胃、肠、胰腺、脾脏和生殖器官可以一同取出。藏于肋骨间隙的肺脏和腰荐骨凹陷部的肾脏，可用外科刀柄剥离取出。也可以在原位检查。鸡消化系统见图 13-2。

(4)脑的取出　先剪开头部皮肤，再用环形剪剪去颅顶骨，暴露颅腔。将头顶部朝下，剪断脑下部神经。小心取出大脑、小脑连同前端的嗅脑和下部的脑下垂体。

2. 器官的检查

(1)颈部器官的检查　在颈椎两侧寻找并观察胸腺的大小、颜色，有无出血、坏死点。检查嗉囊是否充盈食物，内容物的多少及性状。可以直接在禽体上将食管、嗉囊、喉头和气管等一一剪开，检查其黏膜、分泌物或内容物的性状，也可将上述器官自颈部分离后再一一剪开检查。

(2)内脏器官的检查　主要检查以下器官和组织。

心脏：将心包剪开，注意心包腔有无积水，心包与心外膜有无粘连。注意心脏的形状、大小，心外膜的状态，有无出血点。将两侧心房及心室剪开，检查心内膜与心肌的状态。

肺脏：注意观察其形态、色泽、质地及病变的性质。

腺胃和肌胃：将腺胃和肌胃一同剪开，检查腺胃壁的厚度、内容物的性状、黏膜及腺体的状态。剥离肌胃角质膜，检查胃壁状态。

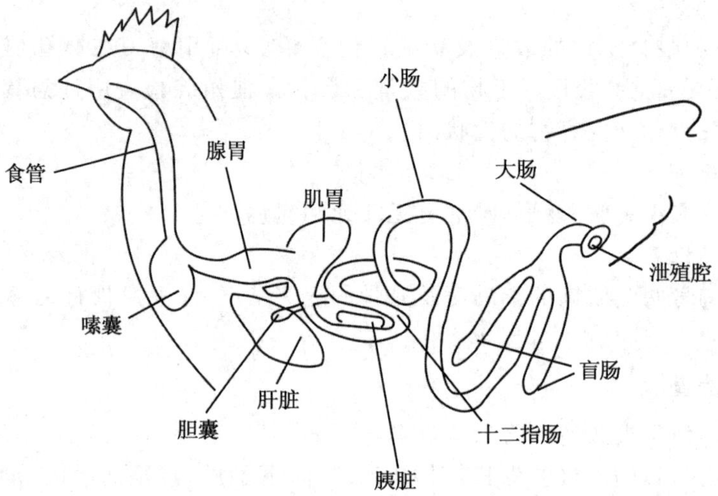

图 13-2 鸡消化系统模式图

肠:注意肠系膜及肠浆膜的状态。肠管中有一卵黄盲管,初生雏禽可有一些未被吸收的卵黄存在。剪开肠管,注意黏膜及其内容物的性状。盲肠入口处的淋巴结称为盲肠扁桃体,均应仔细检查。两侧盲肠也要剪开检查,鸡球虫病和盲肠肝炎时盲肠均有明显病变。

肝和脾:注意大小、形状、色泽、质地、表面及切面的性状。

肾:左右肾均为三叶,其界限不甚明显,无皮质和髓质的区别。检查项目同肝、脾。肾有尿酸盐沉积时,肾体积肿大,有灰白色的细条纹,两侧输尿管也呈白色细线状。

胰脏:分为三叶,有导管 2～3 条,分别开口于十二指肠,与胆管在十二指肠的开口相邻。注意检查其大小、色泽、质地和有无出血等病变。

卵巢和输卵管:左侧卵巢和输卵管较发达,右侧常萎缩。卵巢可在原位检查,检查时注意卵泡的大小、形状与色泽(注意和同日龄鸡比较),正常者为圆球形、金黄色、有光泽。输卵管检查也可在原位进行,其与卵巢接近处为漏斗部,其后为卵白分泌部;管身呈三个弯曲,黏膜白色,其上有黏稠透明液,仔细观察,内有大小不等的钙粒。形成卵膜处为峡部,卵壳形成处为储卵部,排卵部肌肉发达。检查输卵管时,注意其黏膜和内容物的性状。

睾丸:检查可在原位进行,注意其大小、颜色,两侧是否一致。

(3)脑及外周神经的检查　具体内容如下。

脑:注意脑膜表面状态,有无充血、出血和渗出液。将脑作切面,检查切面的状态。脑组织病变主要依靠病理组织学检查。

外周神经:在大腿内侧,剥离内收肌,即可暴露坐骨神经;在脊椎的两侧,仔细地将肾脏剔除,露出腰荐神经丛,对比观察两侧神经的粗细、横纹、颜色及光滑度。

四、思考题

- 鸡的生殖系统有何特点?
- 简述鸡的尸体剖检方法。

实验十四　鱼的尸体病理剖检技术

一、试验目的和要求

认识淡水鱼类(以我国鲤科鱼类中四大家鱼中的鲤鱼、鲫鱼、草鱼为代表)主要组织器官的解剖学部位、正常或病变器官的基本形态学特征。

二、试验材料

(1)器材　解剖盘、解剖剪、镊子、载玻片、盖玻片、显微镜。

(2)试剂　70％酒精、中性福尔马林固定液、营养琼脂或其他琼脂培养基、药敏制片等。

(3)试验动物　鲤鱼、鲫鱼或草鱼。

三、主要试验内容

(一)体表检查

1. 鱼类外部结构认识

身体分为头、躯干和尾三部分(图 14-1)。头和躯干之间以鳃孔为界;躯干与尾的分界线是肛门或泄殖孔。

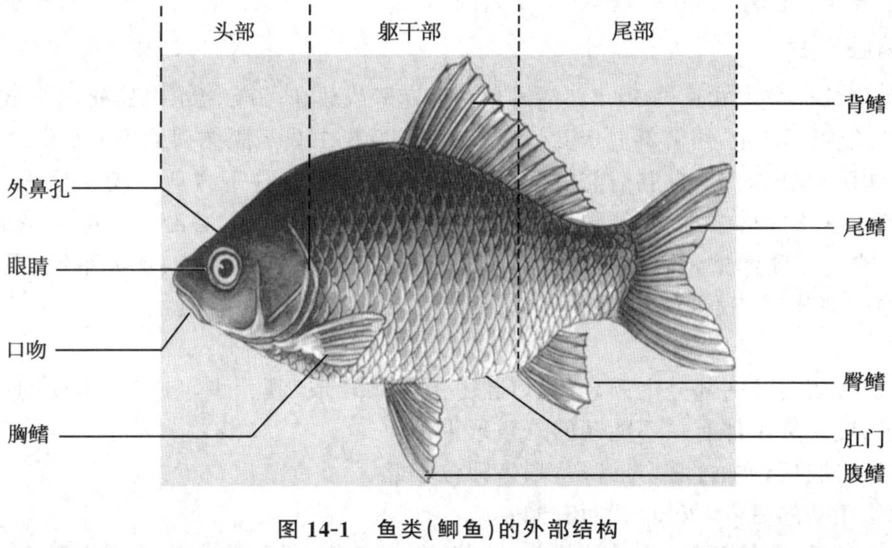

图 14-1　鱼类(鲫鱼)的外部结构

(1)头部　口在端部,两侧无口须;有一对外鼻孔和一对眼;头两侧有鳃盖。

(2)躯干部　全身被覆瓦状排列的圆鳞,两侧中间的一行鳞片均具有小孔,形成侧线,此行鳞片称为侧线鳞，主要起到感知水流方向、速度、障碍物等作用。鱼体具有成对的胸鳍和腹鳍，不成对的背鳍、臀鳍、尾鳍。肛门和泄殖孔分别开在腹部臀鳍之前。

2. 体表检查

体表观察的顺序是头部→躯干部→尾部。

(1)头部　首先，观察口吻端有无出血、充血、溃烂，有无大型寄生虫(如锚头鳋)。其次，观察眼睛，眼眶周是否有出血、充血，晶状体是否混浊、溃烂等。再次，观察鳃盖，是否边缘有溃烂、是否"开天窗"(鳃盖表皮溃烂，能从外看到鳃丝)。撑开鳃盖，观察鳃丝是否肿胀、充血、出血，黏液状况，是否有溃烂，是否有大型寄生虫(如中华鳋)。

(2)躯干部　首先，观察体表黏液的多少，有无大型寄生虫(如锚头鳋、鱼虱、鱼怪)。其次，观察体表是否有出血、充血等；体表有无溃烂、外伤，如打印病。再次，观察鳍条基部是否有出血、充血，鳍条末端有无腐蚀、溃烂，背鳍基部是否有溃烂。观察和触摸皮肤，是否有疥疮(皮下肌肉液化性坏死或化脓性坏死)。

(3)尾部　尾鳍是否完整，有无充血、出血、腐蚀、烂尾等现象发生，尾鳍上是否有增生性包囊。

3. 体表黏液和组织的显微镜检查

对体表黏液和鳃的显微镜检查是检查体表寄生性原虫或蠕虫最常见的方法。用手术刀片刮下体表黏液，转移到载玻片上，滴一滴干净的自来水或原池水，在显微镜下观察。用剪刀剪下一点鳃丝，轻轻铺在载玻片上，滴一滴干净的自来水或原池水，在显微镜下观察。经常能见到原生动物(如浮游动物、车轮虫、斜管虫、钟形虫等)、蠕虫(如指环虫、三代虫)。

对体表出现的异常增生的包囊(有针尖大小的、有膨出很大的，形状上有圆形、不规则形)，用剪刀或刀片取下包囊，在载玻片上压碎，盖上盖玻片后，在显微镜下检查。常见小瓜虫、嗜子宫线虫、孢子虫等。

对眼睛发生白内障的鱼，取眼球，挤出眼房水，显微镜下观察，看是否有双穴吸虫。

(二)内脏检查

鱼类解剖的标准术式见图 14-2。活鲫鱼深度麻醉或放在 40℃温水中处死，5 min 后取出放在解剖盘里；使腹部向上，用解剖剪从肛门向前剪开，沿腹中线经腹鳍剪到下颌(图 14-2 中 1)之后，再使鱼侧卧，左侧向上，自肛门前的开口向背侧剪开，沿脊柱下方剪至鳃盖后缘，需要特别提示的是第二剪不能剪至过高，否则会损伤肾脏(图 14-2 中 2)，然后沿鳃盖剪至胸鳍之前(图 14-2 中 3)，除去左侧体壁，即可原位观察。鲫鱼的内脏包括消化系统、呼吸系统、泄殖系统和循环系统的一部分(图 14-3)。剪开头盖骨(图 14-2 中 4)，即可暴露颅腔。

1. 消化系统

口腔：剪去鳃盖及一部分上颌，可见口腔由上下颌合成，颌无齿，口腔壁由厚的肌肉组成，表面有黏膜，腔底后半部有一不能动的三角形舌。

咽：位于口腔后，左右两侧是鳃裂，咽齿即位于此。

食管：位于咽的后方，很短，背面有鳔管。

肠：接于咽后，曲折盘旋，为体长的 2～3 倍，前粗后细；肠的前部 2/3 为小肠，最后一部分叫直肠，直肠后接肛门。

肝胰脏：鲤科鱼类的肝脏为暗红色，形态不规则，呈弥散状分布在肠系膜上，而且肝脏组织中混杂着胰脏组织，因此合称肝胰脏。肝胰脏的组织结构在组织切片上可以区分，但外形无法

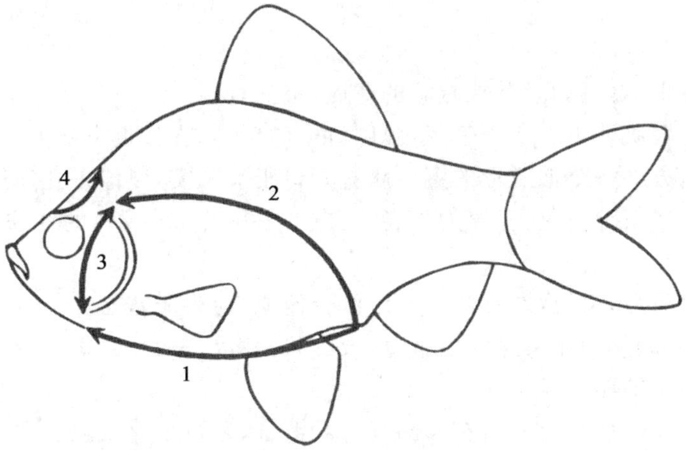

图 14-2 鱼类解剖的术式

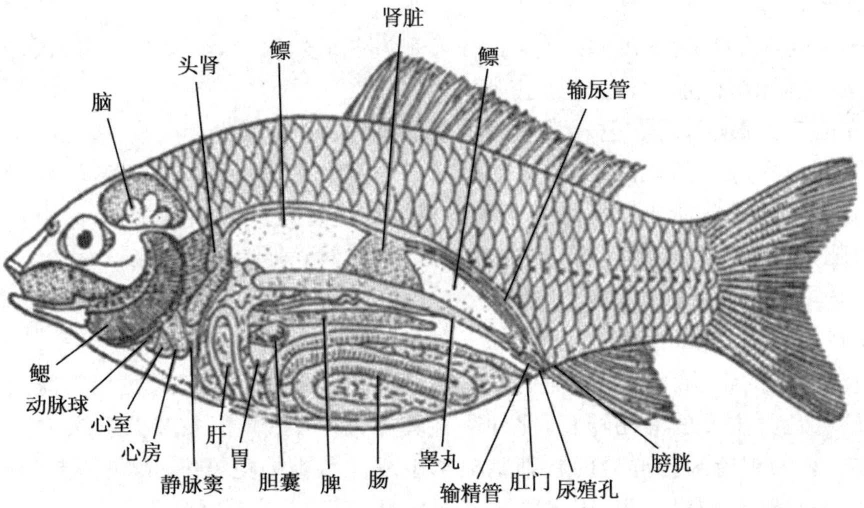

图 14-3 鱼类内脏模式图

区别。

胆囊:椭圆形,深绿色,大部分埋在肝胰脏内,由胆囊发出输胆管,开口于肠前部。

2. 呼吸系统

鳃是鱼的呼吸器官,有丰富的毛细血管,与外界(水)气体交换就是在水滤过鳃丝的时候完成的。

鳃盖膜:鳃盖后缘的薄膜。

鳃弓:位于咽的两侧,共 4 对半。

鳃片:由鳃丝组成的片状物,着生于鳃弓,每一鳃丝两侧有许多突起的鳃小片。

鳃耙:鳃弓内凹面两行三角形的突起,左右互生。

鳔:位于胸腹腔的背侧,分前后两室,为银白色胶质囊。前室紧接在第 4 脊椎骨的悬器上,后室发出鳔管,通到肠的背面。主要作用不是呼吸,而是承担调节比重的工作,使鱼能在水中自由沉浮。

3. 泄殖系统

肾脏:位于脊柱下方两侧,紧贴在腹腔的背面,呈深红色。

输尿管:从每个肾脏通出一条细管,沿腹腔背壁向后走,在接近末端处汇合,进入膀胱。

膀胱:输尿管后方的一个似盾形的囊。膀胱开口于泄殖窦,以泄殖孔通体外。

精巢:性成熟的精巢纯白色,呈扁的长囊状,左右各一个,未成熟的往往呈淡红色,常左右不匀称有分裂缺陷处。

输精管:在精巢后端,很短,左右两管向后汇合而成,通入泄殖窦。

卵巢:一对,性未成熟的卵巢呈淡橙黄色,长带状;性成熟的呈微黄红色,长囊形,几乎充满整个体腔,内有许多小的卵。

输卵管:位于卵巢的后端,很短,左右两管向后汇合,开口于泄殖窦。

4. 循环系统

小心剪开围心腔,可见心脏,是由静脉窦、心房、心室组成;再观察鳃部动脉,可见动脉球、腹大动脉、入鳃动脉和出鳃动脉。

静脉窦:心房和心室后侧的暗红色长囊,背侧为古维尔氏管,前壁与心房相通。

心房:位于静脉窦的前方,呈暗红色,囊状。

心室:在心房的腹侧,淡红色,倒圆锥形,壁很厚,收缩能力强。

动脉球:紧接在心室的前面,为腹大动脉基部的膨大部分,呈圆锥形,壁厚,白色。

腹大动脉:自动脉球向前发出的一条相当粗大的血管,位于左右鳃的腹面中央。

入鳃动脉:由腹大动脉两侧分出的成对分支,共 4 对,分别进入鳃弓。

出鳃动脉:与入鳃动脉相对应。

5. 免疫系统

鱼类免疫系统的结构和组成与哺乳动物截然不同。最明显的差异是鱼类缺乏骨髓和淋巴结,而肾为硬骨鱼类主要的淋巴器官,此外还有胸腺、脾和黏膜相关淋巴组织。淋巴组织通常由迁移和非迁移的支持细胞群的网状细胞框架组成。鱼类的免疫细胞,包括淋巴细胞、单核细胞、巨噬细胞、粒细胞、胸腺细胞、肥大细胞和树突状细胞。黑素巨噬细胞是一种存在于脾、肾造血组织和肝门管周的含色素的特殊细胞群。这些巨噬细胞含有异质的内含物,最常见的是黑色素、含铁血黄素和脂褐质。

胸腺:位于鳃腔背外侧区的成对器官。在硬骨鱼,胸腺位于鳃盖上缘靠近鳃腔。

肾脏:鱼类肾脏常分为前团、中团、后团。肾脏最前面的部分缺乏排泄组织,通常被称为头肾,其主要是淋巴-骨髓样区。头肾形状因种而异,鲤科鱼类头肾的最前端向前延伸出左右两部分。鱼类的头肾既是重要的造血器官,又是次级淋巴器官(功能上等同于淋巴结)。

脾脏:位于小肠前部背面,体积较大,细长,深红色。脾脏有一个纤维性被膜,有部分小梁伸入实质将脾脏分为红髓和白髓。红髓占据了脾脏的大部分,由充满血液的窦状隙组成,窦状隙还附着有巨噬细胞和淋巴细胞。白髓通常发育不充分,但也可分为两部分,即黑素巨噬细胞集结和椭圆体。

黏膜相关淋巴组织:硬骨鱼的黏膜相关淋巴组织包括肠、皮肤和鳃。具有黏液层和非特异防御功能的这些组织暴露于外环境,形成对入侵病原的第一道屏障。尽管硬骨鱼类缺乏肠相关淋巴组织的器官形态(如哺乳动物的 PP 结),但肠道包含有大量的白细胞群,包括巨噬细胞、淋巴细胞、肥大细胞、粒细胞和浆细胞。肠存在上皮间白细胞，但大多数白细胞存在于肠褶的黏膜固有层和致密层的腔隙。在研究的大多数种类的硬骨鱼类中，包含一层或几层肥大细胞或颗粒细胞的“致密颗粒层”位于致密层和环肌肉层之间。占肠长度20%～25%的第二段肠或后肠，具有通过内吞和装运给固有层巨噬细胞的方式摄入大分子能力的上皮细胞。白细胞和浆细胞也存在于皮肤和鳃。

(三)病理组织学取材

由于鱼类组织很容易发生自溶，用于组织病理学观察的材料必须取自活的或濒临死亡的动物。取材其他注意事项和陆生动物基本相似。

四、思考题

- 鱼的淋巴系统有何特点？
- 试述鱼肝胰脏的位置及组织学特征。

实验十五　动物病理组织学检验材料的采取、保存、包装和运送

动物机体由多种细胞和组织构成，研究动物组织和细胞时，为了能准确而清晰地显示其结构，首先要制备适合于显微镜下观察的薄片。由于各种组织材料的性质及观察研究的目的不同，因而产生了多种生物制片技术。如对易于分离的组织可在载玻片上涂抹或铺放薄片，而多数组织则要利用锋利的刀具将其切成薄片。动物细胞的平均直径约 10 μm，为了能看清楚组织结构且不会因细胞的重叠而影响辨认，组织切片的厚度最好在 5 μm 左右，这一厚度的切片必须借助切片机来完成。而病理组织学诊断的准确性主要取决于病理材料的采取、保存、包装和寄送等方法是否适当。

一、病理组织学检验材料的采取

(一)送检常规标本

• 当怀疑病畜死于传染病、侵袭病或中毒病的时候，应由县(市、区）动物疫病预防控制机构进行诊断，动物疫病预防控制机构做不出结果时，应迅速采取病理材料送交省、地、市动物疫病预防控制机构检验室、农业大学动物病理诊断实验室或其他检验机构进行检查。

• 病理组织学检验材料需及时采取、及时固定，以免自溶出现死后变化，影响诊断。

• 用作病理组织学检验的组织病料应选取病变最典型、最明显的部位，并应包括病灶和其邻近的正常组织两部分。这样便于对照观察，更重要的是看病灶周围的炎症反应变化。

• 采取的病理组织材料，要包括各器官的主要结构，如肾应包括皮质、髓质、肾乳头及被膜。

• 选取病料时，切勿挤压(可使组织变形)、刮抹(使组织缺损)、冲洗(水洗易使红细胞和其他细胞成分吸水而胀大，甚至破裂)。手术标本送检前请勿自行剖开，应保持原形全部送检，必须剖开时，最好邀请病理方面技术人员在场，或在病理检查申请单中详细描述剖开前后情况。临床对手术标本有特殊要求时(如照相等)，应提前通知，以免取材时破坏其完整性。

• 选取的组织不宜太大，长宽厚一般为 3 cm×2 cm×0.5 cm 或 1.5 cm×1.5 cm×0.5 cm。尸检取标本时可先切取稍大的组织块，待固定一段时间(数小时至过夜)后，再修整成适当大小，并换固定液继续固定。常用的固定液是 10%福尔马林，固定液量为组织体积的 10～50 倍。容器可以用大小适宜的广口瓶。细小组织(小于 5 mm、显微镜活检标本)及脆而易碎的小组织，应附贴于滤纸上再放入固定液中，以免遗漏。柔软或薄的组织，为了防止固定后扭曲变形，可在切取时将其平摊在吸水纸上，再固定。肺组织常漂浮，不宜固定，最好用注射器抽吸肺内气体，以利固定液浸入，或在固定瓶上方填入棉花。

• 取材完毕后应在固定容器表面贴好标签，标明标本名称和编号，有的瓶口可用蜡严密封闭。同时，应对被检组织进行核对，整理好尸检记录及有关材料，并在送检单中说明送检的目

的和要求。病理送检申请单应用钢笔或签字笔逐项认真填写，字迹清晰易于辨认，不要用中、英文混写。标本来源系指手术切除的部位或器官，如"结肠癌"、"子宫肌瘤"等，应填写"结肠"、"子宫"，不要填写"术中"；送检标本容器上应贴有病畜的种类和标本部位，同一患畜同时取有数种组织，或同一组织由不同部位取出，应分盛容器，分别注明，并在病理送检单上注明送检标本的份数及部位；标本瓶口宜大，便于标本的取出。病理检查申请单是医疗举证的重要文书，是永久保存的医学资料，一定要保持清洁、完整无损，不可涂改。

• 病理诊断报告在收到病理标本后 5 个工作日发出，但因病理室诊断需要或临床治疗需要，需加做特殊染色或免疫组化染色者除外。

（二）送检冰冻切片标本

• 冰冻切片诊断只限于病畜手术需要器官切除或确定手术范围的一种快速病理诊断方法。由于组织未得到充分有效的固定、脱水以及切片较厚等，与石蜡切片病理诊断的准确率有一定的差距，一般仅限于良恶性的鉴别。取材时应避免组织挤压，防止人为假象，样品大小 2.5 cm×1.5 cm×0.5 cm。

• 冰冻切片预约：需在手术的前日，与畜主签署知情同意书，并递交填写的"冷冻病理检查预约申请单"，以便工作人员在手术当日提前开机等候。

• 冰冻切片申请单的填写：除病畜一般情况外，还应提供相应的影像学检查（例如 B 超、X 线、CT 等），同位素及胃肠镜、支气管镜检查等相关结果，以便病理医师在诊断时参考。

• 冰冻切片的手术标本在切除后应立即送检，并注明手术的部位，重点部位应做标记或加以说明。同时手术标本应保持新鲜，不要加用固定液或用含水溶液清洗，以免影响制片和诊断。

• 冰冻切片诊断报告一般在手术标本送达后 30 min 内做出，并以书面文字形式通知临床手术科室。但疑为恶性淋巴瘤，送检组织过小（长径≤0.2 cm 者）或为脂肪、骨组织和钙化组织，需要依据核分裂象计数判断良恶性的软组织肿瘤，已知具有传染性的标本，一般不宜作冰冻切片的诊断，以待石蜡切片确诊。

（三）细胞学检查标本

细胞学检查系指各种体液（胸腹水、心包液、痰、尿液等）、穿刺液、宫颈刮/涂片以及胃肠镜及支气管镜刷片等病理学检查。

痰液细胞学检查：标本必须新鲜，应是从呼吸道深部取出，痰中不应含食物碎渣和唾液，一般连续送检 3 天。

胸腹水等体液细胞学检查：一般以试管取 2～10 mL（不要将抽取的液体全部送检），及时送检。

穿刺液应及时做成涂片送检。

上述检查申请单填写请参照病理检查申请单的要求，并在"标本来源"一项中注明标本的类别："痰"、"胸水"、"涂片"等。

二、病理组织学检验材料的保存

病理材料的保存方法，要根据材料的用途及其病原体的特性决定。

(一)冷藏

将病理材料放在不透水的容器内,然后放在有冰的广口保温瓶内。如在冰块中放些食盐,可降低瓶内温度,延长保存时间。

(二)化学药品保存

作病理组织切片用的材料,最好保存在10%福尔马林溶液中,保存液的量为原材料的10～50倍。如作特殊染色(如脂肪染色、铁染色、多糖染色),需采取双份材料,分别放在95%酒精内和10%福尔马林内固定保存。

三、病理组织学检验材料的包装和运送

(一)直接运送病理材料

家禽、仔猪、羔羊等尸体可整个送到实验室,尸体先用浸过来苏儿或石炭酸的麻袋包装,然后放入金属箱或坚硬的木箱中,四周填以刨花或锯末,以防动摇。大家畜的部分尸体可以派专人送到实验室。

液体材料如血液、分泌物、脓汁以及其他液体材料,应装在灭过菌的小瓶或试管内,盖上橡皮塞。血液涂片或组织触片,每片间以火柴杆分隔包扎后送检。由病畜的脏器、组织、脓汁及其他各种液体制成涂片或触片,先消毒取材部位,并用消毒过的外科刀切开,然后从切开部位刮取材料,均匀涂在玻璃片上或用玻片与切开面接触,沾取材料,风干即成。从未剖开的体腔中以及含有大量渗出液的脏器中采取时,可用灭菌吸管吸取少许液体滴于玻璃片上,涂匀,风干即可,在玻片的一端注明号码,在另一纸上写明材料来源及送检目的,并需注明涂片是否已经固定,一般用甲醇固定5 min。

(二)邮局寄送病理材料

由邮局寄送病理材料时,可将保存或固定后的材料,放在玻璃瓶内盖严,再用线或细铁丝将盖缚紧,并用蜡、火漆等材料封口,放入木箱中,四周填充木屑或棉花,注意在运输过程中液体不要流失。邮寄需详细说明:畜主姓名,畜主地址,病畜种类、年龄、性别及特征,疫病发生地点、时间、发病数目、治疗方法、治疗头数、治愈头数及死亡头数,病历及尸体剖检结果,取材日期及部位,材料是否经过处理,取材人姓名、机关、住址、寄送材料的方法及日期,怀疑为何种疫病及检查目的。国际寄送需提前报关。

特别危险的传染病,如炭疽、鼻疽、布氏杆菌病、气肿疽、牛肺疫、口蹄疫、马传贫、猪瘟、鸡新城疫及狂犬病等,要将其病理材料放在玻璃瓶中,玻璃瓶放在金属筒中,金属筒用锡封好,然后装在木箱中。不论由专人或邮局寄送,包装均应完全保证不致将病原散播出去。如难以断定是上述疫病,但又怀疑有可能时,也应这样妥善处理。

实验十六　动物病理组织H&E制片技术

采用光学显微镜研究一般生物体的内部结构，在自然状态下是无法观察清楚的，多数动植物材料都必须经过某种处理，将组织分离成单个细胞或薄片，光线才能通过细胞。为了适应这个需要，就产生了光学显微镜制片技术。

光学显微镜的制片技术方法可分为两大类：一类是非切片法，另一类是切片法。

非切片法，是用物理或化学的方法，使细胞彼此分离，如分离法、涂布法、压碎法等。非切片法的操作比较简单，能保持细胞的完整，但是细胞之间的正常位置往往被更动，无法反映细胞之间的正常联系。它可以与切片法配合使用，各取所长。

切片法，是利用锐利的刀具将组织切成极薄的片层，材料需经过一系列特殊的处理，如固定、脱水、包埋、切片、染色等，过程十分烦琐。在制作过程中，还要经过一系列的物理和化学的处理，这些处理方法可根据各种不同材料的性质要求进行合理选择。切片法虽然工序烦琐、技术复杂，但是，它最能保持细胞间的正常关系，能较好和较长时间地保留细胞的原貌，所以仍然是光学显微镜的主要制片方法。

一、实验仪器、材料和试剂

(1)仪器　石蜡切片机或(及)冰冻切片机、恒温蜡箱、展片机、包埋机、染色机、脱水机、显微镜等。

(2)材料　动物病理组织、载玻片、盖玻片。

(3)试剂　乙醇、甲醛、二甲苯、石蜡、中性树胶、苏木素、伊红等。

二、方法与步骤

光学显微镜切片制作技术最简单的切片法是徒手切片，但是由于组织块往往十分柔软，切削很困难，而且无法得到十分菲薄的切片，因此必须先用某些特殊物质渗入组织块的内部起支持作用，并将整个组织块包住，然后再用精密的切片机制作切片，才能获得良好的效果。这种方法称为包埋法，包埋的物质称为包埋剂。常用的包埋剂有石蜡、火棉胶、明胶等，水和塑料也可作为包埋剂。根据包埋剂的不同，分别有石蜡切片、火棉胶切片、冰冻切片等，它们各有长处，可以根据需要选用，但是使用得最多的还是石蜡切片技术。

(一)石蜡切片技术

石蜡作为包埋剂，有其独特的优点，例如：石蜡能切出极薄的蜡片(2～10 μm)；切片时能连成蜡带，便于制作连续切片；操作较容易；组织块可以包埋在石蜡中长期保存。然而石蜡切片的制作过程较长，步骤很多，一步不慎往往导致前功尽弃，而且这些处理引起组织块或多或少地收缩，切片时受湿度影响比较大，这些不足之处必须在制片过程中认真对待，尽量减小其不良影响。石蜡切片的制作过程主要包括：取材→固定→脱水→透明→浸蜡→包埋→切片→

贴片→染色→封片等。

1. 取材

材料的好坏直接影响到切片的质量，无论取哪一种动物材料，以下几点是必须注意的：动物材料取用时常对动物施以麻醉，常用的麻醉剂有氯仿和乙醚，或将动物杀死后迅速取出所需要的组织；取材必须新鲜，这一点对于从事细胞生物学研究尤为重要，应该尽可能割取活着的组织块，立即投入固定液，并编号；切取材料时刀要锐利，避免因挤压细胞使其受到损伤；切取的材料应该小而薄，便于固定剂迅速渗入内部，一般厚度不超过 5 mm，大小不超过 1.5 cm×1.5 cm。每例标本取材前后，均应彻底清洗取材台面和所有相关器物，避免交叉污染。所取组织应包括各脏器的重要结构或全层。特殊标本要在取材前照相留资料。材料要求新鲜、准确、完整，避免挤压、挫伤和干燥。

2. 固定

组织和细胞离开机体后，在一定时间内仍然延续着生命活动，会引起病理变化直至死亡。为了使标本能反映它生前的正常状态，必须尽早地用某些化学药品迅速地杀死组织和细胞，阻止上述变化，并将结构成分转化为不溶性物质，防止某些结构的溶化和消失。这种处理就是固定。除了上述作用外，固定剂会使组织适当硬化以便于随后的处理，还会改变细胞内部的折射系数并使某些部位易于染色。

固定剂的作用对象主要是蛋白质，至于其他成分如脂肪和糖，在一般制作时不加考虑，如要观察这些物质，可用特殊的方法将其固定下来。

固定剂的作用表现在对材料体积的改变、硬化的程度、穿透的速度以及对染色的影响等方面。这些作用的好坏、大小，都依所固定的材料性质而定，同样一种固定液对某一材料来说是良好的，但对另外一些组织可能就不很适用。良好的固定剂必须具备的特征是：穿透组织的速度快，能将细胞中的内含物凝固成不溶解物质，不使组织膨胀或收缩以保持原形，硬化组织的程度适中，增加细胞内含物的折光度，增加媒染和染色能力，具有保存剂作用。固定剂有简单固定剂和混合固定剂两大类。

简单固定剂即单一的固定剂，常用的有乙醇、甲醛、冰醋酸、升汞、苦味酸、铬酸、重铬酸钾和锇酸。其中，苦味酸、升汞、铬酸既能凝固细胞清蛋白，又能凝固核蛋白；乙醇只能凝固清蛋白，而醋酸只能凝固核蛋白；甲醛、锇酸和重铬酸钾对这两种蛋白质都不凝固。

简单固定剂的局限性较大，如将其适当混合，制成混合固定剂可以取得更好的效果。常用的固定剂有：10%中性福尔马林固定液(1 份饱和甲醛液＋9 份 pH 7.4，0.01 mol/L 的 PBS)、Bouin 液(70 份苦味酸饱和水溶液＋25 份 4%甲醛＋5 份冰醋酸)、Zenker 液(5 g 升汞＋2.5 g 重铬酸钾＋1.0 g 硫酸钠＋5 mL 冰醋酸＋100 mL 蒸馏水)、Carnoy 改良液(3 份无水乙醇＋1 份冰醋酸)等。固定剂的种类甚多，必须依据各种固定剂的性能及制片的不同要求来选择。

固定时，须注意以下几点：固定剂应有足够的量，一般为组织块体积的 10～50 倍；如所固定的材料外表有不易穿透的物质，可将材料先在含乙醇的溶液中固定几分钟，再移入水溶性的固定液；材料固定后如不立即下沉，可将其中空气抽出；固定时间依材料大小、固定剂种类而异，可从 1 h 到几十小时，有时中间需要更换固定剂；某些固定剂对组织的硬化作用较强，作用时间应严加控制，不能过长；一般固定剂都以新配制的为好，用过的不能再用；有些混合固定剂由甲、乙两液合并者，一定要在使用前再混合；固定完毕，根据所用固定剂的不同，用水或乙醇冲掉残留的固定剂，以免固定剂形成沉淀，影响以后组织块的染色。

3. 脱水

生物组织中含有大量的水分，它和石蜡是不能相溶的，致使在包埋时石蜡无法渗入组织内部，因此需使用脱水剂将水分除尽，这就是脱水的作用。

脱水剂必须能与水以任何比例相混合。脱水剂有两类：一类是非石蜡溶剂，如乙醇、丙酮等，脱水后必须再经过透明，才能透蜡包埋；另一类是兼石蜡溶剂，如正丁醇，脱水后即可直接透蜡。

常用的脱水剂是乙醇，因为它价格便宜，易于得到。为了避免剧烈扩散引起的组织的强烈收缩，脱水步骤应从低到高以一定的浓度梯度来进行，一般组织从70%乙醇开始，经过80%、95%、100%至完全脱水；对于一些柔软的组织应从30%开始。脱水时间依据组织的类型和大小而定，一般各级乙醇中放置5 min到1 h，如果中间需停顿，应使材料停留在70%乙醇中，因为低浓度乙醇易使组织变软、解体，高浓度乙醇有脆化组织作用，放置时间不能过长，另外，脱水必须在有盖瓶中进行，以防止高浓度乙醇吸收空气中水分导致浓度降低而使脱水不彻底。需要保存的材料可脱水至70%乙醇时停留其中，如需长期保存，可加入等量的甘油。

丙酮也是很好的脱水剂，其作用和用法与乙醇相同，不过其脱水力和收缩力都比乙醇强。

甘油常用于藻类、菌类及柔弱材料的脱水。二氧六环为无色的石蜡溶剂，对组织没有收缩及硬化等不良后果，但其蒸气有毒，使用时需小心。正丁醇可与水及乙醇混合，亦为石蜡溶剂，其优点是很少引起组织块的收缩与变脆。叔丁醇的性质、作用和用法同于正丁醇，但因其价格昂贵而很少使用。

4. 透明

组织经过一系列酒精的处理后，虽然组织里所含有的水分已基本上被脱去，但是脱水时组织内残留着许多酒精，如果不将其去除掉，必然影响组织的进一步处理，酒精不能溶解石蜡，必须寻找一种既能与酒精混合，又能溶解石蜡的试剂，方能使石蜡浸入到组织中去，这类物质被称为透明剂。

透明剂的种类很多，较常用的是二甲苯、甲苯、苯、氯仿、香柏油和苯胺油等。二甲苯作用较快，透明力强，但组织块在其中停留过久容易收缩变脆变硬，同时若脱水不净，就会引起不良后果，在应用时必须特别小心。通常将组织块先经纯乙醇与二甲苯的等体积混合液，再进入纯二甲苯，这样可减少上述的缺点。透明时间应由组织大小而定，一般各级停留时间在10 min至1 h，在纯二甲苯中应更换2次，总时间则以不超过2 h为宜。材料经过透明，会显示出前一步脱水的效果如何，若脱水彻底，则组织显现透明状态，如组织中有白色云雾状，说明脱水不净，需返工处理，但返工的效果往往不好。使用二甲苯透明时，应避免其挥发和吸收空气中的水分，并保持其无水状态。甲苯的一般性质与二甲苯相似，用法相同，但沸点较低，透明较慢，但不会使组织变脆。苯的用法同于二甲苯，对组织的收缩作用小，但需警惕其爆炸和吸入而引起中毒。氯仿适于大块组织的透明。

二甲苯及苯类物质被认为是致癌性的物质，许多单位和个人都不敢用或尽量少用，或者在切片染色至酒精后，将切片吹干进行封片，这样会影响切片颜色的保存，切片的整个制作程序都强调不要使切片干涸。其他的透明剂，由于作用较为缓慢，不适应于临床活检，但为了某些研究，也可以使用一些缓慢性的透明剂，可提高切片制作效果。

5. 浸蜡和包埋

包埋用的石蜡，熔点在50～60℃之间，应根据材料本身的硬度、切片的厚薄和当时的气温条件来选用。一般动物材料最常用的石蜡熔点为52～56℃，植物材料的用54～58℃的；切片薄的用58～60℃的，切片厚的则用52～54℃的；室温10～19℃时选用52～54℃的石蜡可顺利切片，冬季可用熔点46～48℃的石蜡，夏季可选56～58℃的。

石蜡的优劣与切片的成败密切相关。鉴别石蜡质量的方法是：将石蜡熔化后倒入纸盒使其凝结且无气泡和裂痕，30～35℃放置24 h后无气泡和不透明的晶状小点出现，蜡块裂面不呈颗粒状，切成薄片不碎，这种石蜡为品质优良石蜡。含有杂质的新蜡或用过的废蜡可清洁后再用，方法是将石蜡放入锅内，加热到开始冒白烟，然后用小火继续加热30 min（注意别超过发火点），去除其中水分和挥发性杂质，并在温箱中过滤以去除灰尘等颗粒。

浸蜡需在恒温箱中进行，恒温箱的温度调节至高于石蜡熔点3℃，依次用石蜡与二甲苯的等量混合液、纯石蜡处理经过透明的组织块。纯石蜡应处理2～3次，透蜡的时间依材料性质而定，一般每次需15～60 min。透明的关键是控制温度的恒定，切忌忽高忽低。温度过低石蜡凝固、无法渗透，温度过高使组织收缩发脆。

包埋是使浸透蜡的组织块包裹在石蜡中。具体做法是：先准备好纸盒、包埋框或底模，将熔蜡倒入纸盒、包埋框或底模中，迅速用预温的镊子夹取组织块平放在纸盒、包埋框或底模底部，切面朝下，盖好包埋盒，再轻轻提起平放在冷冻台，使其迅速冷却凝固，30 min后取出。包埋用蜡的温度应略高于浸蜡温度，保证组织块与周围石蜡完全融为一体。石蜡的迅速冷却也很重要，否则包埋块中将会产生结晶，以后切片时引起碎裂。

包埋注意事项：①每次夹取组织块时，镊子应提前预热；②纸盒、包埋框或底模中不要有水、碎蜡等异物，以免影响包埋质量；③包埋蜡的温度要控制好，包埋蜡的熔点应为58～60℃；④包埋蜡加入少量蜂蜡（蜜蜡），可以增加韧度，利于切片；⑤夹取组织块放入纸盒、包埋框或底模时，一定要注意包埋面向下；⑥包埋好的蜡块，用刀修整时，一定要适当保留蜡块中组织周边的白蜡边，以利于连续切片；⑦每包埋完一块组织，镊子必须擦干净或用乙醇灯烧。

6. *切片*

切片机是用来作各种组织切片的一种专门设计的精密机械，常用的是旋转式切片机，它的夹物部分是上下移动前后推进的，而夹刀部分则固定不动。主要部件是安装切片刀的刀台、安装包埋块的标本台和控制切片厚度的微动装置。切片时切片刀固定不动，转动转轮，标本台上下运动并按调好的切片厚度向前推进一定的距离，组织块上下运动一次，便在刀片上得到一张合乎厚度要求的切片。

切片刀与切片的质量直接相关。切片前必须磨刀，方法是：将切片刀装上刀柄、刀背夹，滴少许石蜡油在平滑的磨刀石上，将刀贴着磨刀石以背向刀口方向磨，使用完毕后应及时用二甲苯将石蜡油擦净。也可以采用一次性刀片。

切片方法：将所要切的包埋块固定在标本台上，使包埋块外切面与标本夹截面平行，并让包埋块稍露出一截。将刀台推至外缘后松开刀片夹的螺旋，上好刀片，使切片刀平面与组织切面间呈15°左右的夹角，包埋块上下边与刀口平行。在微动装置上调节切片要求的厚度，调节时应注意指针不可在两个刻度之间，否则容易损伤切片机，将刀台移至近标本台处，让刀口与组织切面稍稍接触，这时就可以开始切片了。方法是：右手转动转轮，左手持毛笔在刀口稍下端接住切好的片子，并托住切下的蜡带，待蜡带形成一定长度后，右手停止转动，持另一支毛笔轻轻将蜡带挑起，平放于衬有黑纸的纸盒内，注意切片速度不宜太快，摇动转轮用力应均匀，防止切片机震动厉害引起切片厚薄不均匀，还应注意转动的方向，以防标本台后移而切不到片子。切片完毕，应及时用氯仿将切片机的有关部分擦净。

切片中存在的问题及补救方法：石蜡切片是很不容易掌握的，有时很容易成功，有时则由于某种因素而造成切片的质量低劣，甚至完全失败。现将切片时经常遇到的一些缺点、可能的原因以及补救办法列于表 16-1。

表 16-1　石蜡切片可能出现的问题和补救方法

缺点	原因	补救方法
石蜡带弯曲不直	1. 石蜡块上下两边不平行 2. 石蜡块的上下两边不和刀口平行 3. 刀口锋利不一，局部产生差异 4. 蜡块的一边较另一边为软，或两边的硬度不一致 5. 材料未居蜡块正中央	1. 取下蜡块，将两边修平 2. 调节标本台，使两者平行 3. 移动刀片，改用新的刀口 4. 待蜡块冷却后再切，或重新包埋 5. 用刀片切去部分石蜡，使材料居中
切片分离，不能连成带状	1. 室温过低 2. 石蜡过硬 3. 材料边缘留蜡太少 4. 刀的角度不适合	1. 在切片机上方开一电灯或提高室温 2. 在蜡块面加一层 45℃ 的软蜡 3. 重新包埋 4. 矫正刀的角度
切片卷起呈圆筒状	1. 室温过低 2. 石蜡过硬 3. 刀口太钝 4. 刀的倾角太大	1. 提高室温 2. 加软蜡 3. 用毛笔将蜡片摊开压住，切 2～3 片即成带，磨刀或移动刀口 4. 减小倾角
切片黏附于切片刀，皱折在一起	1. 室温过高 2. 石蜡过软 3. 刀口上留有一层石蜡 4. 刀口钝	1. 降低室温 2. 将蜡块放入冰箱冷冻层 10 min 3. 改用硬蜡包埋，用二甲苯拭去刀口的石蜡 4. 磨刀或移动刀口
切片纵裂	1. 刀有缺口 2. 石蜡块中含有颗粒、杂质 3. 刀口留有碎屑或细丝 4. 组织太硬	1. 可移动刀口 2. 将颗粒去除 3. 清洁刀口 4. 将包埋块在水中浸泡
切片有横纹	1. 刀和台木的固定螺丝太松 2. 刀口倾斜度太大 3. 刀口有石蜡屑	1. 旋紧螺丝 2. 可放平 1°～2° 3. 用氯仿或二甲苯拭去
切片厚薄不均	1. 切片机有故障 2. 夹刀不当 3. 未旋紧标本台螺丝 4. 石蜡块过硬	1. 矫正切片机装置 2. 调整 3. 旋紧螺丝 4. 将石蜡块在水中浸泡
每张切片厚薄不均	1. 刀口震动，是由于材料过硬 2. 刀的倾角太大	1. 在蜡块表面涂一层火棉胶 2. 减小倾角
材料发生裂隙破碎或脱落	1. 脱水不干净 2. 有透明剂残留 3. 石蜡透入时，温度过高或时间过长 4. 由于脱水剂和透明剂的影响，使组织变硬发脆 5. 材料太硬或太粗	1. 无法弥补 2. 增加浸蜡时间，重新包埋 3. 无法补救 4. 用正丁醇、叔丁醇和二氧六环等进行脱水和透明 5. 在蜡块表面涂一薄层火棉胶溶液
切片时发生沙沙声	1. 组织块过硬 2. 包埋温度过高 3. 材料内留有结晶体	1. 浸泡水中软化 2. 无法补救 3. 无法补救

7. 贴片

切好的切片必须贴附于载玻片上才能作进一步处理，但是切片常有细小的横纹，必须经展平后才能贴附，否则影响染色和观察。贴片一般有捞片法和烫板法。

捞片法比较简单。首先将切片分割开，投入到48℃的温水浴中，这时切片都浮在水面上，由于表面张力的作用使切片自然展平，然后用涂有黏片剂的载玻片倾斜着插入水面去捞取切片，使切片贴附在载玻片的合适位置，于58℃温箱内放置一昼夜后使其彻底干燥。

烫板法是将涂有黏片剂的载玻片上涂上水，把已分割好的切片贴上去，再置载玻片于35℃恒定的烫板上让切片摊开，并倾斜或用吸水纸吸去水分，最后将载玻片再度放烫板上晾干。

要注意，不管是使用捞片法还是烫板法，所用的载玻片必须洁净，不能有油污(检验法：已涂有黏片剂的载玻片上滴加数滴蒸馏水，若发现水不均匀分散而聚成滴状，即表示载玻片不清洁，有残留油脂等物在上面)。

8. 染色

整块染色法：小块组织经固定、冲洗后直接进行染色的方法，如鸡胚的整染和教学切片的块染。

切片染色法：组织切片是无色透明的，必须进行染色后才能观察到各种微细结构。染色方法很多，但是染色剂往往是水溶液，因此切片必须经过脱蜡而再度复水。这种方法即为脱水、透明的逆过程。由于切片十分菲薄，处理的时间大大减少，一般每级停留 2～5 min。

染色是一个复杂的过程，兼有物理和化学作用，对其中的机制目前了解得不很清楚。研究细胞器和细胞内的重要组分都有很多成熟的方法，例如经典的苏木素-伊红(H&E)染色法，显示 DNA 的 Feulgen 反应，显示 RNA 的 Brachet 反应，显示多糖的 PAS 反应，显示蛋白质的 Millon 反应和显示某些酶的钙-钴法等，可以根据不同的要求来选用。

H&E 染色原理：苏木素是一种天然染料，它本身并不能染色，在经氧化后变成的苏木红才是真正的染料。苏木素对细胞核的亲和力并不强，在媒染剂的帮助下才能较好显示细胞核，此时细胞核呈红色，只有在碱性环境中，苏木素才变成蓝色。伊红是人工染料，它可能是通过渗透或弥散作用完成染色的，因此和组织成分的结合不牢固，它对细胞质着色。苏木素染液为碱性，主要使细胞核内的染色质与胞质内的核糖体着蓝紫色；伊红为酸性染料，主要使细胞质和细胞外基质中的成分着红色。易于被碱性或酸性染料着色的性质分别称为嗜碱性和嗜酸性。

9. 透明

染色后的切片需再次经过脱水、透明。标本经二甲苯透明后，折射率改变，透明度提高，使得染上颜色的部位更清晰地显示出来。

10. 封藏

封藏的目的是使制成的切片能够永久保存，封藏剂必须能与透明剂互溶，对染色无影响，折射率近似玻璃和具有黏性的物质，常用的封藏剂有加拿大树胶和中性树胶。

封片的方法是：将载玻片从二甲苯中取出后，吸去多余的二甲苯，在标本上的二甲苯尚未干透之前加一滴树胶，仔细覆盖上盖玻片，避免产生气泡，也不得拖动盖玻片，以免将标本破坏。树胶量视盖玻片大小而定，切忌过多过少。贴上标签，注明材料、染色法，待封藏剂凝固后便成为一张成功的石蜡切片。

(二)石蜡切片 H&E 染色程序

苏木素(hematoxylin)与伊红(eosin)对比染色法(简称 H&E 对比染色法)是组织切片最常用的染色方法。这种方法染色广泛,组织细胞的各种成分都可着色,便于全面观察组织构造,而且适用于各种固定液固定的材料,染色后不易褪色,可长期保存。经过 H&E 染色细胞核被苏木素染成蓝紫色,细胞质被伊红染色呈粉红色。

1. 实验步骤

● 切片在二甲苯Ⅰ中脱蜡 5~10 min。

● 切片在二甲苯Ⅱ中脱蜡 5~10 min。

● 置入 100%、95%、85%、70%、50%酒精,各级为 2~5 min。

● 苏木素染液染色 5~15 min。

● 水洗玻片上多余染液,1%盐酸酒精分色片刻。镜检控制,直至细胞核及核内染色质清晰为止,约数十秒钟。

● 流水冲洗 15 min 至 6 h,或者在碳酸锂饱和溶液中短时间碱化或蓝化,即使细胞核呈蓝色。

● 蒸馏水短洗。

● 0.5%伊红染液染色 1~5 min。

● 依次经 95%酒精Ⅰ、95%酒精Ⅱ、100%酒精Ⅰ、100%酒精Ⅱ脱水,各级为 2~3 min,在 95%的酒精中伊红易脱色,应适当缩短时间。

● 二甲苯透明(两次),共约 10 min。

● 擦去切片周围多余二甲苯,滴加适量中性树胶,再加盖玻片封固。

2. 注意事项

● 染色时间应根据染色剂的成熟程度及室温高低,适当缩短或延长。室温高时促进染色,染色时间可短些,否则可适当延长时间,冬季室温低时可放入恒温箱中染色。

● 蓝化时入碱性水也可,但用促蓝剂对伊红可能拒染,如果时间来得及,应以流水冲洗使切片显示蓝色为宜,但要注意流水速度不能过快,以防切片脱落,并随时用显微镜检查见颜色变蓝为止。

● 分化是 H&E 染色成败的关键,如分化不当会导致染色不匀,得到的切片染色效果差。

● 伊红主要染细胞质,着色浓淡应与苏木素染细胞核的浓淡相配合,如果细胞核染色较浓,细胞质也应浓染,以获得鲜明的对比。反之,如果细胞核染色较浅,细胞质也应淡染。可在伊红酒精液中滴加数滴冰醋酸助染,促使细胞质容易着色,并且经乙醇脱水时不易褪色。

(三)冰冻切片技术

冰冻切片过程比较简单,组织无须经过脱水、透明,组织中的水分就起着包埋剂的作用。与石蜡切片相比,冰冻切片省略了许多化学试剂的处理和加温过程,因此组织收缩小,更接近生活状态,且可使组织中的某些不耐热成分如脂类、酶、抗体等得以保存。所以,冰冻切片在组织化学、免疫组织化学、快速临床诊断等领域被广泛应用。

1. 冷冻组织的来源

新鲜组织、甲醛固定过的组织、原来冷冻储存的组织,取出的组织标本应该尽量减少其含水量,大小约为 2.5 cm×1.5 cm×0.5 cm。

2.冰冻切片技术的操作方法

• 将恒冷箱冰冻切片机的冷冻标本头和箱内温度调整到适宜的切片温度，一般情况下为－18～－25℃。

• 在标本冷冻托上涂布一层冷冻包埋剂，如OCT，然后将取材后新鲜标本安放在标本冷冻托上并用OCT覆盖标本。

• 标本冷冻完成后将标本托固定在切片机的机头上，调整机头位置使其恰好位于切片刀的后方。

• 使用粗切削方式进行标本的粗切削，直至暴露标本的最大平面，使用自动推进方式连续切削2～3刀后用毛笔清除机头、标本托及切片刀上的组织碎屑。

• 调整并确认切片的厚度，一般为4～8 μm，染脂肪和神经组织应控制在12～25 μm。

• 放下防卷板，使防卷板的位置恰好与切片刀的刀刃完全平行并略突出于刀刃。

• 以自动推进的方式进行切片，良好的切片将在防卷板的下方形成一张完整平展的薄片，如切片略有弯曲可用小毛笔轻轻展平。

• 打开防卷板，用载玻片平稳地轻压切片使其平整地吸附到载玻片上。

3.冰冻切片的染色

一般有两种方案，分别是切片后固定法和切片前固定法，可根据临床情况选择。

(1)切片后固定法　全过程10～15 min。新鲜组织取材后，立即置入超低温冰箱或液氮冷冻2 min（锡箔纸包裹后冷冻，用于组织的保存）；随后用OCT包埋在冷冻标本头上，切片10～30 μm；切片风干固定，也可用冷丙酮或乙醚酒精混合液固定（乙醚、95%酒精等量混合）1 min；之后进行染色：切片水洗10 s→置入苏木素2 min→水洗10 s→1%盐酸酒精分化1～5 s→水洗30 s→置入促蓝液（碳酸钠3.5 g、硫酸镁20 g、蒸馏水2 000 mL）蓝化1 min→水洗10 s→伊红染色30 s→在95%乙醇Ⅰ、95%乙醇Ⅱ、100%乙醇Ⅰ、100%乙醇Ⅱ中逐级脱水各3～5 s→甲苯Ⅰ、二甲苯Ⅱ各透明1 min→封片。

(2)切片前固定法　新鲜组织取材后，4%甲醛固定液固定2 h或以上；分别入15%、20%、30%蔗糖溶液（0.1 mol/L PBS，pH 7.4），浸泡至组织块沉底；冰冻切片机切片；贴片，风干，－20℃保存备用；染色：切片水洗→入苏木素2 min→水洗→1%盐酸酒精分化→水洗→置入促蓝液蓝化1 min→水洗→伊红染色→脱水→透明→封固。

4.冰冻切片需要注意的事项

(1)提倡使用新鲜苏木素染色液　高质量的冷冻切片和良好的染色，是病理诊断的重要手段。为了在短时间内获得高质量的H&E染色冷冻切片，在保证高质量冷冻切片的同时使用新鲜的苏木素染色液是保证高质量染色的重要前提。

(2)防卷板的调整　正确地调整使用冷冻切片机的防卷板是获得平展完整冷冻切片的重要手段，防卷板的正确位置是与切片刀的刀刃平行并略微突出于刀刃。如防卷板过度突出于刀刃，会造成切片机头上的组织与防卷板相撞；如防卷板低于刀刃，会造成切片向上卷曲，不能形成平整的切片。在调试时可从下向上逐步提高防卷板的位置，每提高一点切一张切片测试，直至切片能在防卷板下形成完整平展的切片。

(3)防止污染　切片污染是病理组织制片的大忌，在冷冻切片进行粗切削完毕后必须用毛笔清理碎屑，以防止其他标本的组织碎片沾染到正在进行切片的标本上。

(4)不同组织的切片温度调整　不同组织冷冻切片的冷冻温度调整原则是，柔软稚嫩富含水分的组织选择相对较高的温度,较为致密富含脂肪的组织选择相对较低的温度。柔软稚嫩富含水分的组织选择较低的温度易造成切片呈碎屑状,而致密富含脂肪的组织选择较高的温度易造成切片堆积不能形成片状。现将冰冻切片时经常遇到的一些问题、可能的原因以及补救办法列于表 16-2。

表 16-2 冷冻切片机切片时可能出现的问题和补救方法

症状	原因	补救方法
样本冷冻时碎裂	1.冷冻速度太快 2.样本太厚	1.升高冷冻温度或缩短冷冻时间 2.将样本切薄
样本从冷冻标本头脱落	1.样本太厚 2.粘贴前温度低 3.样本无支撑	1.将样本切薄 2.在室温下进行,缩短加粘贴剂的时间 3.给样本更多支撑
样本推进但不切割	1.刀松弛 2.冷冻标本头松弛 3.样本贴不牢固 4.刀片角度不正确	1.确定刀片已夹紧 2.确定冷冻盒已安装并正确夹紧 3.用足够的粘贴剂重贴样本 4.调整刀片角度
切片卷曲	1.防卷板和刀片间间隙不对 2.防卷板太低 3.防卷板角度不正确	1.调节抗卷平台间隙 2.升高防卷板 3.调整防卷板和刀片之间的角度
切割时切片融化	切片设备不够冷	用足够的时间使刀片和切片操作空间冷却
切片起皱	1.刀片太脏 2.刀片受损 3.防卷板有缺口	1.移出并清洁刀片 2.检查,如果需要磨刀或更换刀片 3.检查,如果需要更换平板
切片出现与刀缘平行的细小裂纹	切割时样本太冷	用固定组织,在冷冻前浸蔗糖
切片显示冰晶	1.样本冷冻得不够快 2.样本太厚	1.降低冷冻温度或延长冷冻时间 2.将样本切薄
切片出现震颤影响的迹象	1.刀片支撑不当 2.刀片角度不当 3.样本不够稳定 4.切割速度太快	1.确定刀片安装正确,并且在刀片上没有组织碎片 2.检查并纠正刀片角度 3.重新冷冻 4.调节切片速度
切片厚和薄	1.钝刀片 2.刀片角度太浅 3.样本不稳定	1.磨刀至锋利 2.加宽刀片角度 3.重新冷冻样本
切片贴在防卷板上	1.防卷板脏或污染 2.切片设备不够冷	1.用刷子清洁防卷板 2.用更长时间使刀片和防卷板冷却
切片垂直裂开	1.刀片脏 2.刀片钝	取下刀片清洁并使之锋利

附:常用试剂的配制

一、苏木素染液的配制

苏木素染液的配方较多,一类是将苏木素与电解质配成混合液后使其自然成熟后使用,另一类是将苏木素、电解质、氧化剂配成混合液后直接使用,但按后者方法配制的染液久存易失效。目前常用的几种苏木素染液的配制方法如下:

(一)Ehrlich 酸性苏木素染液

苏木素	2 g
95%乙醇	100 mL
钾明矾(硫酸铝钾)	3 g
蒸馏水	100 mL
冰醋酸	10 mL

苏木素溶于乙醇配成甲液,钾明矾溶于蒸馏水配成乙液,甲、乙液混合,再加入冰醋酸溶于广口瓶中,用纱布包好瓶口,置空气中氧化,2 周以后呈暗紫红色后使用。

(二)Delafield 苏木素染液

苏木素	6 g
铵明矾(硫酸铝铵晶体)	55 g
95%酒精	200 mL
甘油	150 mL
蒸馏水	600 mL

A 液:铵明矾 55 g 溶于蒸馏水 600 mL。

B 液:苏木素 6 g 溶于 95%酒精 50 mL。

C 液:甘油 150 mL 溶于 95%酒精 150 mL。

先将 A 与 B 液充分搅拌混合,放置过夜;经滤纸过滤加入 C 液混合后,纱布封口并放置于有光处 1~2 个月自然成熟后使用,成熟后的染液呈黑紫色,可保存数年以上。

(三)Harris 苏木素染液

苏木素	1 g
氧化汞	0.5 g
无水乙醇	10 mL
钾明矾(硫酸铝钾)	20 g
蒸馏水	200 mL

先将苏木素溶于无水乙醇中,备用。把钾明矾放入蒸馏水中,加热溶解,再加入苏木素液,煮沸 2 min,先加入少量的氧化汞,防止氧化过程中苏木素外溢,玻璃棒搅拌,然后边搅拌边加入氧化汞。加完后,立即移至冰水中,加速其冷却,静置一夜后,过滤。用前以 5% 的比例加入冰醋酸。如配好后时间较长,冰醋酸的量可适当多加一点。冰醋酸的量,可直接影响苏木素的着色能力和清晰度,加少了,会造成核浆共染,背景不干净;加多了,核着色能力下降。此液

可放置 3 个月至半年左右，视气温而定。使用时要看染色的切片量来定：以每天 100 张片的量，可使用半个月左右。如果不急着用的话，不加氧化汞也行，待苏木素自然氧化（室温不同，氧化的时间也不同，一般需要 3 个月左右，用前过滤加冰醋酸，这种方法用的时间比较长）。

（四）Gill 改良苏木素染液

苏木素	2 g
硫酸铝	17.6 g
碘酸钠	0.2 g
无水乙醇	250 mL
冰醋酸	20 mL
蒸馏水	750 mL

先将苏木素溶于无水酒精，硫酸铝溶于蒸馏水，然后两液混合后加入碘酸钠，最后加入冰醋酸。此液为半氧化苏木素液，不会产生沉淀，氧化膜少，是进行性染色的配方，不用分化，染色时间为 4～10 min，效果很好，适用于染色机染色。

（五）整块染色的苏木素染液

Ehrlich 酸性苏木素原液	6 mL
50％乙醇	66 mL
冰醋酸	5 mL

块染方法：混合后根据组织大小、致密程度，染 1～3 h，0.5％盐酸酒精分色。

二、伊红染液的配制

组织学染色常用的伊红为伊红 Y，伊红能溶于乙醇和水，溶液呈酸性，不溶于二甲苯，经伊红染色的标本经水、乙醇漂洗或长期保存均易褪色。

伊红 Y	0.5 g
95％酒精	100 mL

0.5 g 伊红 Y 溶于 100 mL 95％酒精。

三、1％盐酸酒精分色液的配制

70％酒精	99 mL
浓盐酸	1 mL

1 mL 浓盐酸溶于 99 mL 70％酒精。

四、甘油明胶水溶性封片剂的配制

此封片剂为水溶性，不能干燥，不能永久保存，可用于盖玻片封固。

明胶	10 g
甘油	70 mL
苯酚	1 mL
蒸馏水	60 mL

将明胶浸泡于温水中，完全浸透后微微加热溶解，加入甘油、苯酚，加热搅拌溶解，保存于冰箱。

警告：使用苯酚时使用警告标记，在通风橱或通风场所中使用，穿工作服，戴手套和护目镜，避免接触和吸入。苯酚容易通过摄入、吸入和皮肤吸收，引起心率加快、抽搐和死亡，能灼伤眼睛和皮肤，止痛作用可能引起痛觉丧失，影响靶器官为消化系统、神经系统、泌尿系统。

使用程序：置于水浴容器中加热溶解；滴一滴在载玻片上，盖上盖玻片；用于非永久保存玻片，在盖玻片周围涂上指甲油或液化石蜡。

五、黏片剂的配制

（一）蛋白溶液

将一个鸡蛋打入杯中，去除蛋黄留下蛋白，用筷子充分调打成雪花状泡沫，然后用双层纱布过滤至容器中，加入 500 mL 蒸馏水，混合，最后加入 1 mL 氨水。

（二）甘油蛋白溶液

将一个鸡蛋打入杯中，去除蛋黄留下蛋白，用筷子充分调打成雪花状泡沫，然后用双层纱布过滤至容器中，加入等量的甘油，混合，最后加入百分之一体积的麝香草酚（thymol）作防腐用，可保存几个月到一年。

（三）硫酸铬钾-明胶黏片剂

硫酸铬钾（$K_2Cr_2(SO_4)_4 \cdot 24H_2O$）	0.5 g
明胶	5 g
蒸馏水	1 000 mL

以少许蒸馏水溶解硫酸铬钾（别名硫酸钾铬、铬矾、铬明矾、钾铬矾）后，加入明胶及其余蒸馏水，于 70℃水溶液中使明胶融化，后置于磁力搅拌器上，持续搅拌均匀，如仍有明显残渣，可过滤后使用。

（四）多聚赖氨酸

多聚赖氨酸（poly-*L*-lysine，PLL）溶液是广泛应用的组织切片与玻片黏合剂，该多聚阳离子分子与组织切片上的阴离子相互作用会产生较强的黏合力，适用于组织学、免疫组织化学、冰冻切片、细胞涂片、原位杂交等使用的玻片的防脱片处理，也可用于细胞培养，增加细胞贴壁能力。

多聚赖氨酸	0.5 g
蒸馏水	100 mL

配制方法：称取 PLL，溶于 H_2O，充分混合即可，此液浓度为 0.5%，可适当稀释配成 0.01%～0.5%浓度。4℃保存，也可－20℃备用。PLL 可反复冰冻，对效果无明显影响，工作液常再稀释 10～50 倍。

使用方法（免疫学可直接在玻片上涂布）：①灭菌的蒸馏水 1∶10 稀释该多聚赖氨酸溶液。②用之前将稀释的多聚赖氨酸溶液放在室内，使其温度恢复到室温（18～26℃）。③将玻片浸在稀释的多聚赖氨酸溶液中 5 min。注意增加时间不会提高包被效果。④在 60℃烘箱干燥 1 h，或室温 18～26℃过夜干燥待用。

注意事项:每100 mL已稀释的多聚赖氨酸溶液可包被玻片40～90张,超过90张片子将影响其黏合力;用之前的玻片必须保持清洁,必要时用含1% HCl的70%乙醇溶液来清洗;不要在用过的稀释液中加新的溶液;稀释过的多聚赖氨酸溶液要放在2～8℃,至少在3个月内是稳定的;用过的稀释液要过滤,若出现混浊或长菌要丢弃;多聚赖氨酸在水溶液中易分解,所以一次不要配太多工作液。

(五)APES

APES,全称是3-Aminopropyl-Triethoxysilane,中文名称是3-氨丙基-3-乙氧基甲硅烷,是一种将组织切片或细胞黏附到玻片上的黏附剂,能够有效地防止各种操作过程中脱片现象的发生。用APES处理过的玻片可以广泛用于免疫组织化学、组织学、特殊染色、冰冻切片、细胞培养技术和原位杂交。APES具有腐蚀性,易燃,应避免吸入或与皮肤接触。如不慎入眼,应立即用大量清水冲洗并迅速至医院处理。

APES的使用方法:用丙酮稀释50倍(APES 1份、丙酮49份混合),将洗净的玻片放入稀释好的APES中,停留20～30 s,取出稍停,再入纯丙酮或蒸馏水中涮去未结合的APES,置通风橱中晾干即可。注意用APES防脱片处理的载玻片捞片时组织应一步到位,并尽量减少气泡存在,以免影响染色结果。APES必须现用现配。用此方法黏合的玻片应垂直烤片而不能水平烤片,否则,组织片中易出现气泡。注意不要将APES与其他防脱片剂混合使用。

六、载玻片和盖玻片清洁方法

(一)清洁液配方

重铬酸钾	300 g
浓硫酸	300 mL
蒸馏水	3 000 mL
95%乙醇(单独放一瓶中)	1 000 mL

(二)清洁方法

具体方法如下:①将同一种规格大小的载(盖)玻片逐片放入内装有1 500 mL清洁液的2 000 mL平口玻瓶中,完全浸没,时间2 h。②戴好橡胶手套,先倒出清洁液到另一2 000 mL平口玻瓶,将载(盖)玻片取出放入搪瓷盆中,用自来水流水冲洗,时间2 h,并经常用长柄镊子搅动,使玻片上附着的黄色清洁液彻底洗净,盖玻片清澈、透亮。③将载(盖)玻片从水中取出,放入95%的乙醇中,时间1 h,捞出,置于37℃烘箱内,待干后去除碎玻片,用白色纱布或绸布擦净后,整理入盒,备用。

参考文献

[1] 陈可毅. 兽医病理解剖学实验指导. 北京：中国农业出版社，1996.

[2] 郑世民. 动物病理学. 北京：高等教育出版社，2009.

[3] 马学恩. 家畜病理学. 4 版. 北京：中国农业出版社，2007.

[4] 刘宝岩，邱震东. 动物病理组织学彩色图谱. 长春：吉林科学技术出版社，1989.